趣味化学卷

GUI HUO DE ZHENXIANG

"鬼火"的真相

马宏伟　主编

广西人民出版社

图书在版编目（CIP）数据

"鬼火"的真相：趣味化学卷 / 马宏伟主编.—南宁：
广西人民出版社，2015.8
（剥开科学的坚果）
ISBN 978-7-219-09391-7

Ⅰ.①鬼…　Ⅱ.①马…　Ⅲ.①化学-青少年读物　Ⅳ.①06-49

中国版本图书馆CIP数据核字（2015）第 078558 号

监　　制　白竹林
责任编辑　罗敏超
责任校对　梁凤华
印前制作　麦林书装

出版发行　广西人民出版社
社　　址　广西南宁市桂春路 6 号
邮　　编　530028
印　　刷　广西大一迪美印刷有限公司
开　　本　880mm×1230mm　1/32
印　　张　6.5
字　　数　130 千字
版　　次　2015 年 8 月　第 1 版
印　　次　2015 年 8 月　第 1 次印刷
书　　号　ISBN 978-7-219-09391-7/O・19
定　　价　22.00 元

目录 Contents

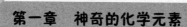

第三章　丰富多彩的金属

第四章　变身的酸、碱、盐

第五章　奇闻趣事中的化学

化学——生活中的魔术师

化学是一门富有活力的科学，犹如生活中的魔术师，总是变着法儿的给我们呈现出奇妙的微观世界，同时它又是一门历史悠久的学科，它的成就是社会文明的重要标志。

从远古到公元前 1500 年，人类学会了在烈火中用黏土制出陶器、由矿石烧出金属，学会用谷物酿造出酒、给丝麻等织物染上颜色，这些都少不了化学的作用。正是因为有了化学，才使我们的生活发生了翻天覆地的变化。举一个很简单的例子——火的使用。燃烧是一种化学现象，自从人类掌握了火之后，开始食用熟食，增强了体质，从此降低了疾病的发生率，延长了寿命。

化学还推动了人类正确地认识世界，破除封建迷信。比如"鬼火"，古时候人们认为这是妖魔鬼怪在游走，到了晚上就不敢出门，甚至还有人因为看到了"鬼火"吓得病倒在床。其实，"鬼火"只不过是因为白磷的燃点低，可以在空气中自燃罢了，是一种正常的化学现象。

实际上，人类从公元前 1000 年就开始使用各种各样与化学相关的技术，包括从矿石中冶炼金属，从植物中提取香料和药物，酿酒，制作陶器和颜料，制作玻璃，青铜器等，这些都与化学密切相关。就连中国古代的四大发明中的造纸、火药术也都与化学有着相当密切的关系。可以说，是化学推动了人类的进步和发展，创造了高度的文明。

化学早已经渗透到我们的日常生活中，它无时无刻不在影响和改变着我们的生活。什么气体一闻就能让人发笑？花儿是怎样按照人们的要求按时开放的？如何让生锈的铁锅换新颜？为什么工业盐会让人中毒？那些令人眼花缭乱的魔术背后到底隐藏着怎样的秘密……

《"鬼火"的真相》将带你走进神奇的化学元素，了解千变万化的气体，认识丰富多彩的金属，探寻那些不为人知的奇闻趣事，让你感受化学带给你的神奇与快乐！

第一章
神奇的化学元素

尿液里的"收获"

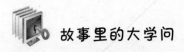

故事里的大学问

在 17 世纪的德国汉堡，有一位叫布朗特的商人，一心想要发财。于是，他加入了当时欧洲很流行的炼金行列，当起了炼金术士。

偶然间他听人说，用强热来蒸发人尿便可制造出黄金，他立刻大干起来。他收集了大量的尿液，一遍又一遍地将尿液加热、煮沸、蒸馏；再一次一次地观察，期望能有黄金出现，但最后以失败告终。

不过，在他的眼前却出现了一种白色蜡状的物质。更奇特的是，这种物质还能在黑暗的小屋里闪闪发光。这意外所得的物质是什么呢？它又为什么会发光呢？

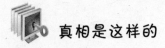

真相是这样的

正是布朗特的歪打正着，令潜藏在尿液中鲜为人

知的物质发出了光芒。这种能发出荧光的白色物质，就是白磷，又名黄磷。它是如何从尿液中"走出来"的呢？

我们知道，尿液是含有身体各种废弃物的溶液，这些废弃物中就含有很多种形式的磷酸盐。磷酸根是磷酸盐的共同点，是磷跟氧结合的无机化合物。

当磷酸盐在有碳元素参与的情况下加热，磷酸根中的氧就会被碳抢走，生成一氧化碳，而剩下的则是磷元素。

这时，聪明的你可能要问：故事中的布朗特并没有加碳进去，那么此反应中所需要的碳元素是从何而来呢？

其实，这也是他在高温加热浓缩尿液时无意间得来的。因为尿液中含有有机成分，高温加热使得有机成分脱水，成为木炭，而木炭本质上就是碳。

我们知道，排尿是人体新陈代谢的一部分。当血液经过各个器官为其提供养分的同时，会顺道带走细胞的代谢产物。

以一个健康人为例，每分钟就会有人体 20% 的血液经过肾脏；而在肾脏内，大约有几百万肾元负责清理废物。在清理的过程中，水、葡萄糖和钠又将重新回到血液中，剩下的东西则通过尿液排到体外。

如此说来，尿液是不是没有任何用处呢？其实不然，尿液中拥有丰富的氮元素，是肥料的最佳原料。不过，那些尿道感染和正在进行药物治疗的人排出的尿液是不能用的哦！

碘与指纹破案

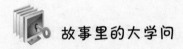 故事里的大学问

我们常常在电影中看到公安人员利用指纹破案的情节：将有指纹的地方对准试管口，并用酒精灯加热试管底部。过一会儿，试管中就会升华出紫色的蒸气，这时在那里就会有之前看不出来的指纹渐渐地显现，并能够得到一个十分明显的棕色指纹。那么，你知道公安人员是如何让指纹现身的吗？

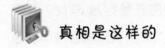 **真相是这样的**

世上没有完全相同的两个指纹，从出生到死亡，人的指纹是不会改变的，公安人员就是利用指纹的这个特点，抓住罪犯的。可是，如何才能让指纹现身呢？这就需要用到碘。

通常可能留下指纹的地方有纸、植物、玻璃、橡皮手套、油漆过的物体、未漆过的木头及大多数金属等。每个人的手指上都有油脂、矿物油和汗水，当手指往纸上、玻璃上按时，指纹上的油脂、矿物油和汗水就会留在上面，只不过我们很难用肉眼看出来而已。

由于碘酒受热之后，酒精会很快挥发，那么碘就开始升华，渐渐变成紫红色的蒸气。因为纸上指印中的油脂、矿物油都属于有机溶剂，所以碘蒸气上升至试管上后，就会被溶解于这些油类中，当我们将这隐藏有指纹的地方与盛有碘酒的试管口接触时，指纹就显示出来了。

现在让我们来认识一下碘：碘是一种紫黑色有光泽的片状晶体，微热下即可升华，纯碘蒸气呈深蓝色，如含有空气则呈现出紫红色，并有刺激性气味。

此外，碘还是人体的必需微量元素之一，有"智力元素"之称。健康成人体内碘的总量约为 30mg，其中70%～80%存在于甲状腺。当人体缺碘时就会患甲状腺肿，适当补充碘化物可以防止和治疗甲状腺肿大。多食海带、海鱼等含碘丰富的食品，对于防治甲状腺肿大也很有效。

小博士课堂

碘酒又名碘酊，是碘和碘化钾的酒精溶液，为外科消毒杀菌剂。常用的是含碘2%～3%的酒精溶液。还有一种浓碘酒，用于皮肤及外科手术消毒。因碘在酒精中溶解得较慢，为加速溶解，可加入适量碘化钾。

红药水，又名汞溴红，呈暗红色。红药水为2%汞溴红水溶液，杀菌、抑菌作用较弱但无刺激性，适用于新鲜的小面积皮肤或黏膜创伤的消毒。

虽然碘酒与红药水都可以用于消毒，但两者是不能混用的，因为二者相遇时会产生剧毒物质碘化汞。碘化汞对皮肤黏膜及其他组织有强烈刺激作用，会引起皮肤损伤、黏膜溃疡，所以碘酒与红药水不能同时使用。

女儿国之谜

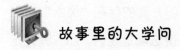
故事里的大学问

中国自古以来就有着"女儿国"的传闻。看过《西游记》的朋友，一定记得唐僧一行西去取经，途经女儿国的故事。我们姑且不管这个传说的真假，关于"女儿国"倒有一个有趣的故事。

在广东某一山区的村寨里，连续数年出生的都是女孩，这可把人们急坏了。照这样下去，这个地区不就只有女孩了吗？那不就变成了"女儿国"了吗？

于是，人们开始纷纷求神拜佛，可也无济于事。

后来，有一位江湖术士开言道："这里的龙脉已经被那在后山寻矿的地质队破坏了，如今只生女孩，是坏了风水的报应啊！"

那些迷信的村民们信以为真。于是，他们找到了在此地探矿的地质队，要地质队赔"风水"。

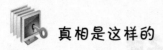 真相是这样的

真的有"龙脉"这回事吗？真的存在"风水"之说吗？现代科学告诉我们这些说法都是迷信。那么究竟是什么原因导致当地只有女孩出生呢？真相还是地质队员们找到的。

这支地质队也很想弄清梦究竟是怎么回事。于是，他们又回到了这个山寨，开始了深入的调查，最终找到了原因。

原来，地质队在探矿的时候，钻机将地下含铍的泉水引了出来，导致附近地区饮用水中铍的含量大大提高。人们长时间饮用这种水，就导致了生女而不生男。找到原因后，经过治理，情况很快得到了好转，在"女儿国"里又出生了男孩。

这里说到的"铍"，是一种金属元素，透 X 射线的能力最强，它的合金应用范围很广，用于制造飞机、火箭等。

铍并非"等闲之辈"。

它在自然界能形成多种矿物，例如：绿柱石、金绿玉，很多都是人们收藏的宝物。尤其是绿柱石，它过去可是供贵族玩赏的宝物。

不过，铍可是有毒的，它的化合物毒性更大。进入人体后，难溶的氧化铍主要储存在肺部，可引起肺炎。而可溶性的铍化合物主要储存在骨骼、肝脏、肾脏以及淋巴结等处，可与血浆蛋白相作用，生成蛋白复合物，进而引起脏器或组织的病变，从而致癌。

从人体组织中将铍排泄出去的速度极其缓慢，所以，接触铍及其化合物就要格外小心了。

宝刀削铁如泥的秘密

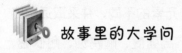

故事里的大学问

在我国古代很讲究使用刀，优质锋利的刀称为"宝刀"。战国时期，相传越国就有人制造"干将""莫邪"等宝刀宝剑。据说，把头发放在刀刃上，轻轻吹口气就能将头发割断成两截。人们经常会用"削铁如泥"来形容刀剑锋利，当然，这里面或许有夸张的成分，那么，你知道这宝刀里面藏着怎样的秘密吗？它如此锋利的原因又是什么呢？

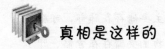 **真相是这样的**

在古代，宝刀打造的技术都是保密的，只有少数工匠掌握生产宝刀的技术。现在人们通过科学研究发现，制造锋利"宝刀"的主要秘密是其中含有钨、钼一类的元素——合金元素。实际上，只需要往钢里加进少量的钨和钼，就会对钢的性质产生很大的影响。

钢里除了铁、碳外，加入其他的元素，就叫合金钢。在普通碳素钢基础上添加适量的一种或多种合金元素而构成的铁碳合金，根据添加元素的不同，并采取适当的加工工艺，可获得高韧性、高强度、耐腐蚀、耐低温、耐高温、耐磨、无磁性等特殊性能。

那么，古人生产宝刀为什么会加入钨、钼呢？这是

因为钨熔点高，比重大，钨与碳形成碳化钨有很高的硬度和耐磨性。在钢工具中加钨，可显著提高红硬性和热强性。

而钼则能使钢的晶粒细化，提高淬透性和热强性能，在高温时保持足够的强度和抗蠕变（金属长期在高温下受到应力能力，发生变形，称蠕变），还可以抑制合金钢由于淬火而引起的脆性。

 小博士课堂

合金钢中除了钨、钼元素外，还有其他合金元素，主要包括硅、锰、铬、镍、钒、钛、铌、锆、钴、铝、铜、硼，稀土元素等。

合金钢的种类有很多，通常按合金元素含量多少分为低合金钢、中合金钢、高合金钢；按质量分为优质合金钢、特质合金钢；按特性和用途又分为合金结构钢、不锈钢、耐酸钢、耐磨钢、耐热钢、合金工具钢、滚动轴承钢、合金弹簧钢和特殊性能钢等。

神奇的阿尔山宝泉

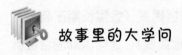

故事里的大学问

很久以前，有个蒙古族的奴隶，受王爷之命去狩猎。他射中了一头梅花鹿，受伤的梅花鹿拼死挣扎，奋力跳入一处泉水里，慢慢地游到了彼岸，上岸后的梅花鹿竟然一溜烟逃得不见了踪影。

王爷认为是奴隶故意放走了梅花鹿，就打断了他的双腿，将其丢到野外喂狼。奴隶拖着断腿在草原上爬行，他找到了那处泉水，他垂下头，吮吸着甘甜的泉水，奇迹出现了，他觉得伤口不痛了，一会儿就能坐起来了。他用泉水洗涤伤口，几天后断腿居然接好了，他能够站起来行走了。

这是在内蒙古大草原上广泛流传的阿尔山宝泉的故事，这虽然是个神奇的传说，但泉水确实能够治病，你知道这是为什么吗？

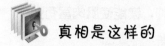 **真相是这样的**

这是因为泉水中溶解了大量的矿物质元素，对治疗多种疾病都有特殊的疗效。现代医学研究表明，生理上不可缺少的矿物质化学元素，有十五种之多。在人体血液中起输送氧作用的血红素，就是一种含铁的物质。缺铁会导致贫血，使人气短、倦怠，精力无法集中。蔬菜、鸡蛋以及动物的肝脏里，都含有大量的铁元素。

人们发现一种奇怪的现象：十一二岁的孩子，女孩往往比男孩要高不少，这是因为这个年龄的男孩体内的锌元素几乎全部提供性器官发育，于是就没有多余的锌供给骨骼的增长了。但青春期一过，性器官发育成熟，锌元素主要供给骨骼增长，男孩的个头就会一下子超过女孩。锌是人体生长发育必不可少的矿物质，缺锌会引起侏儒症、皮肤病等。富含锌的食物主要有海味、豆类、动物肝脏等。

钙能强筋壮骨，调适心跳频率，还可消除紧张，防止失眠，缺钙的人骨骼易折。牛奶中含有丰富的钙质，睡前喝杯热牛奶，可促你进入梦乡。

此外，氟可促进血红蛋白的形成，可使钙在骨骼和牙齿中积聚；碘可防治甲状腺肿，镁能使肌肉富有弹性；铬、硒等稀有元素，可使人长寿……

小博士课堂

大家都听过《白雪公主与七个小矮人》的故事，其实，不仅是在童话故事中有小矮人，在现实生活中也会有小矮人，这些小矮人很有可能患有一种疾病——克汀病，也称为地方性呆小症。

有时候这些小矮人会集中出现在某一地区，以山区为多见，这是由于某一地区的自然环境中缺乏微量元素——碘引起的，缺碘不但影响甲状腺素的合成，引起"大粗脖"，而且如果孕妇缺碘，还会影响胎儿的发育，尤其是脑组织的发育。所以，缺碘的孕妇生下来的孩子不仅个子矮小，而且智力低下。

火柴为什么一擦就着

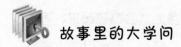 故事里的大学问

现在家庭做饭基本上都在使用天然气了，但是在十几年前，人们做饭时都会用到火柴来点火。现代火柴是英国药剂师和克发明的。1827 年，他制成一擦就着的火柴，但并不十分可靠。

1830 年，法国的索里埃发明了用黄磷做火柴头的火柴，这种火柴称为摩擦火柴，一直沿用到 19 世纪末。摩擦火柴虽然可靠，而且方便储存，但是有一个很大的缺点就是损害人体健康，黄磷燃烧时放出毒烟，长期接触会引起一种称为磷毒性颌骨坏死的病，最终黄磷被禁止用于制造火柴。

19 世纪 50 年代中期，瑞典制造商伦德斯特罗姆将磷与其他易燃成分分开，创制出安全火柴，他把无毒的赤磷涂在火柴盒的摩擦面上，其他成分则藏在火柴盒中。那么，你知道安全火柴运用了哪些化学原理吗？

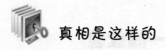 **真相是这样的**

安全火柴必须擦在火柴盒上才会燃烧起来，否则即使用锤子敲打火柴头，也不会着火。而最早的火柴是一擦就着，与任何粗糙表面摩擦都能生火，甚至老鼠啃咬火柴头，都会燃烧起来，用锤子敲，还会爆炸呢！

安全火柴的着火原理是火柴上的化学物质与火柴盒上的一种化学物质产生反应，擦火柴所产生的热力会触发这种化学反应。如果火柴头与摩擦表面没有接触，火柴就不会燃烧。火柴是根据物体摩擦生热的原理，利用强氧化剂和还原剂的化学活性制造出的一种能摩擦生火的工具。

在安全火柴中，火柴头主要是由氧化剂氯酸钾（$KClO_3$）、易燃物（如硫等）和黏合剂组成，火柴盒的侧面主要是由红磷、二硫化二锑、黏合剂组成。划火柴时，火柴头和火柴盒侧面会摩擦生热，放出的热量使氯酸钾分解，产生少量氧气，点燃红磷，从而使火柴头上的易燃物（如硫）燃烧，这样火柴就点燃了。

火柴一划就着的关键是红磷的着火点比较低，只要

稍微有一点儿热量，就会使红磷的温度升高到着火点以上，红磷就开始燃烧，从而起到引火的作用。

既然火柴在南北时期才被发明，那么前人是怎样生火的呢？原来古人是利用两根木枝互相摩擦而生火，之后使用打火石及铁片，但生火需要的时间比较长，需要一两分钟。火柴的出现令人们的生活变得更方便，到了近代，打火机与及电子打火器已逐渐取代传统火柴的地位，但火柴还有其独特的一面是无可取替的，就是它产生的火焰颜色是最美的。

 小博士课堂

现在人们已经很少用火柴了，取而代之的是打火机，那么打火机又是怎样打着火的呢？

打火机的主要部件是发火机构和贮气箱，发火机构动作时，迸出火花射向燃气区，将燃气引燃。打火机所使用的燃料主要是可燃性气体，早期多用汽油，现多采用丁烷、丙烷类和石油液化气。它们经加压后充入封闭气箱，一旦释放到空气中，就会吸热气化而迅速膨胀，非常容易点燃。

"鬼火" 的真相

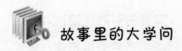 故事里的大学问

在漆黑的夜里，一个人在赶夜路，在经过一片坟地时，刮起了微风，周围发出一阵窸窸窣窣的声响，令人毛骨悚然。就在这时，他忽然看到远处有一点绿色的火光时隐时现。

"鬼火!"这个人大声尖叫起来，撒腿就跑，他一口气跑出了好远，才敢回过头来看一看，这时他发现远处的坟地上已经不再是一点绿色的火光，而是如星星一般，有好几处火光了。此人吓得再也不敢回头，而是一口气跑回了家。

世界上真的有"鬼火"吗？如果没有，那"鬼火"又是什么呢？

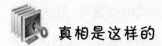 **真相是这样的**

"鬼火"就是磷火，是一种青绿色的火焰，多于夏季干燥天出现在坟地。因人体与动物身体内含有磷，尸体腐化时会产生磷化氢，当气温升高，磷化氢就会发生自燃，从而产生"鬼火"。这也是为什么"鬼火"多出现在夏天的原因，因火焰不明显，所以只有在晚上才容易被察觉。

磷是德国汉堡的炼金家勃兰德在1669年发现的。游离态的纯磷有两种：一种是白磷，又叫黄磷；一种叫红磷，又叫赤磷。虽然都是磷，但它们的脾气秉性却有很大的差别。

白磷很软，用小刀就能切开，它的化学性质非常活泼，在空气中无须点火就能自燃，燃烧时会冒出一股浓烟——即白磷和氧气化合变成白色的五氧化二磷。为了防止白磷自燃，白磷一般都会被浸泡在煤油或水里，隔绝与氧气的接触。相比之下，红磷就本分多了，它不会自燃，只有将它加热到100度以上时，才能发生燃烧现象，而且它没有毒，白磷却有剧毒。

　　人体里有很多磷，不过这些磷都是以化合物的形式存在于人体中的，其中骨头中含有的磷最多，因为骨头的主要化学成分是磷酸钙。在人的大脑里，也有许多磷的化合物——磷脂。在肌肉、神经中，也含有一些磷。这也就不难解释坟地中为什么会出现磷火了。

　　磷在工业上，被用来制造火柴，在上一节我们已经有过相关描述。磷还被用来制造磷酸，磷酸可以代替酵母菌，以比酵母菌快几倍的速度让面团发酵；把金属制品浸在磷酸和磷酸锰的溶液里，使金属表面形成坚硬的保护膜——磷化层，令金属不容易生锈。

　　磷在军事上的用处是制成"烟幕弹"，烟幕弹发射后，白磷燃烧生成大量白色的粉末——五氧化二磷，像浓雾一样，遮挡对方的视线。

　　当然，磷的最大用途还是在农业上，因为磷是农作物生长不可缺少的元素之一，是构成细胞核中核蛋白的重要物质。磷对种子的成熟和根系的发育，起着重要的作用。在农作物开花期间追施磷肥，能达到增产的效果。

　　虽然白磷与红磷的脾气秉性有很大的差异，但两者之间是可以互相转换的，如隔绝空气，把白磷加热到 250℃，就会全部变成红磷；相反，如把红磷加热到很高温度，它就会变成蒸气，遇冷凝为白磷。

　　白磷和红磷是同素异形体，此外，磷的同素异形体还有紫磷和黑磷。黑磷是把白磷蒸气在高压下冷凝得到的，很像石墨，能导电。把黑磷加热到 125℃ 则变成紫磷，紫磷具有层状结构。

最活泼的元素——氟

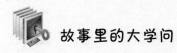

故事里的大学问

　　1768 年，人们发现了氢氟酸，认为它里面存在着一种新元素，很多化学家都想从氢氟酸中制出单质的氟来，可这并不是一件容易的事情。

　　氢氟酸是氟化氢气体的水溶液，具有非常强的腐蚀性，玻璃、铜、铁等常见的东西都能被它"吃"掉，即使是用不活泼的银做容器，也会被腐蚀。氢氟酸能挥发出大量的氟化氢气体，而氟化氢有剧毒，人们吸入少量，就会引起身体的不适。

尽管化学家们在做实验时采取了很多措施来防止氟化氢的毒害，但因氢氟酸的腐蚀性很强，许多化学家因在实验中吸入了过量的氟化氢气体而死亡，还有很多化学家因中毒损害了身体健康，不得不放弃实验。

直到 1886 年，英国化学家莫瓦桑总结前人的经验教训，并采用先进科学技术，终于研制出了氟气。

氟是如此厉害，那么，你对它了解多少呢？

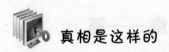 **真相是这样的**

在所有的元素中，氟是最活泼的，它是一种淡黄色的气体。在常温下，氟几乎能与所有的元素化合，大多数金属都会被它腐蚀，甚至连黄金受热后都能在氟气中燃烧。如把氟通入水中，就会把水中的氢夺走，放出氧气。

氢氟酸是氟化氢气体的水溶液，具有很强的腐蚀性，尽管它能"吃"掉很多东西，可是有一种东西它却无可

奈何——塑料之王。塑料之王的学名为"聚四氟乙烯"，其耐腐蚀的本领可称为冠军，目前还没有发现任何一种溶剂能把它溶解，就算是腐蚀性最强的"王水"，也对它无可奈何。

由于聚四氟乙烯的表面非常光滑，将其放进水里，拿出来时不会沾上一滴水。人们利用它的这个特性，制造出了一种特别的钢笔，这种钢笔从墨水里拿出来时，不会沾上一滴墨汁，省去了擦墨汁的麻烦。

玻璃是生活中常见的东西，不知你是否注意到，有些玻璃上有很多花纹，那么，这些花纹是如何"刻"上去的呢？

我们知道氢氟酸能强烈地腐蚀玻璃，利用氢氟酸的这一特性，先在玻璃上涂上一层石蜡，再用刀子划破蜡层刻成花纹，涂上氢氟酸，过一会儿，洗去残余的氢氟酸，刮掉蜡层，玻璃上就会呈现出美丽的花纹。平日里我们看到玻璃上的刻画，以及玻璃仪器上的刻度都是氢氟酸的功劳。

衣服穿久了就会变脏，若是沾上油污，就更难洗了。如果在衣料上涂抹一种氟的化合物，用这种衣料缝制的衣服就不容易弄脏。这是因为氟化物具有阻拦油污的作用，而且衣料中涂上氟的化合物后，还能防止汗水沾到衣服上，从而使衣服显得耐脏，即便脏了也容易清洗。

你见过显微镜吗？显微镜的镜头是用玻璃磨制而成的，可你知道吗，在镜头上还有另外一种东西——氟的化合物，镜头上为什么要用氟的化合物呢？

这是因为普通玻璃都会反射光线，显微镜是一部精密的光学仪器，要想办法将入射光线的损失降到最低。所以，人们就在玻璃表面上涂上了一层薄薄的氟化物，大大提高了光学仪器的效率与科学研究的准确性。

1916年，美国科罗拉多州一个地区的居民得了一种怪病，无论男女老幼牙齿上都有许多斑点，这就是人们俗称的龋齿。那么，这里的居民为什么会患上这种病呢？

原来，这里的水源中缺氟，而氟是人体必需的微量元素，它能使人体形成强硬的骨骼并预防龋齿，当地的居民因长期饮用缺氟的水，所以，就患上了龋齿。那么，人体为何缺氟就会患上龋齿呢？

因为人们每天吃的食物都属于多糖类，吃完饭后如不刷牙，就会有一些食物残留在牙缝中，在酶的作用下转化成酸，这些酸会跟牙齿表面的珐琅质发生反

应，形成可溶性的盐，使牙齿不断受到腐蚀，从而形成龋齿，而氟化物能阻止口腔中酸的形成，预防龋齿。

会喷火的鱼

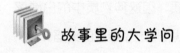
故事里的大学问

海洋中有各种各样的鱼，但你听说过会喷火的鱼吗？大千世界无奇不有，海洋中确实存在着能喷火的鱼，这种鱼将"喷火"当成一种护身武器，"喷火鱼"的发现纯属偶然。

一天夜晚，在南印度洋上捕鱼的几个渔民，突然发现平静的海面上出现了闪闪的火光，但附近又没有发现任何的船只，他们感到十分诡异，便慢慢地向火光处驶去。接近目标时，突然一束束绿色的火焰喷向了渔船。刹那间，渔船被密集的火焰包围，渔民惊恐不已，赶紧调转船头，迅速驶离了火海。

那么，你知道这种奇怪的鱼为什么会喷火吗？

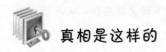 **真相是这样的**

　　原来这是一种喜好群游的喷火鱼。喷火鱼之所以会喷火是因为这些鱼能从食物中摄取含磷的有机物，并将其积存在身体里，一旦遇到敌人，就会有无数条喷火鱼集中在一起，喷出含磷的物质，因这种物质中的白磷或磷化氢在空气中能够自燃，从而形成了绿色的火焰。

　　在上一节，我们讲过"鬼火"，其实这与"鬼火"的原理大同小异，不同之处在于"鬼火"是因为人体内含有磷，而喷火鱼是因为它们从平时所吃的食物摄取含磷的有机物。不过，还是有一个疑问：海洋里的磷来自哪里呢？

　　这是因为大陆岩石风化后，产生了许多磷酸盐溶液，流入到了海洋中。另外，海底火山喷发也会产生大量的磷，这些磷会被海洋浮游生物吸收，在这些生物死后沉入海洋深处，会不断分解产生磷酸盐，当磷酸盐被上升的海洋流带到浅海地区时，因水温上升、压力下降，磷酸盐的溶解度就会下降，从而逐渐在海底沉淀下来，形成磷块岩，这就为喷火鱼提供了丰富的磷资源。

小博士课堂

磷有四种同素异构体，即白磷、红磷、紫磷和黑磷，其中白磷的毒性最大。红磷其次，紫磷和黑磷非常少见，毒性很小。因此，磷中毒主要是指白磷中毒。人吸收量达 1mg/kg 就可致死。

在我们的生活中含磷的有毒物包括灭鼠药，如磷化锌，或者是含有白磷的火柴头。如果多次嚼食含磷化物或赤磷的火柴盒边，亦可出现中毒症状。主要症状有头痛、头晕、乏力、食欲不振、恶心、肝区疼痛等。

用液氮能开动汽车是真的吗

故事里的大学问

氮气不是燃料，却能开动汽车！这听起来有些不可思议，但却是真的。位于美国西雅图的华盛顿大学的荣誉教授阿贝·赫茨伯格说，他的科研小组改装了一辆老式的邮政车，它的发动机像老式蒸汽机一样工作，但其中的蒸汽不是用水，而是用液氮。

传统的燃煤蒸汽机是用锅炉将水烧成高压蒸汽，用以推动活塞式发动机，而赫茨伯格的发动机用的却是液氮，那么，液氮是如何让汽车跑起来的呢？

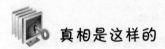 **真相是这样的**

这是因为液氮的沸点非常低，只有－196℃，所以不需要外部燃料源，只要经过一个空气热交换器就能汽化，汽化的液氮可产生足够的压力开动活塞式发动机，所以，汽车就跑了起来。这种汽车排气管排出的是纯净的低温氮气，不会对环境造成污染。

其实，大家对氮气并不陌生，在我们的周围到处有它的存在。氮气占大气总量的78%，是空气的主要成分。它是一种无色无味的气体，在标准大气压下，冷却到－195.6℃时，就变成了无色的液体，冷却至－218.8℃时，液态氮便会变成雪状的固体。

氮气的化学性质很稳定，在常温下很难与其他物质发生反应，但在高温、高能量条件下可与某些物质发生化学变化，用来制取有用的新物质。

1. 用来合成氨。

氮主要用于合成氨，还是合成纤维、合成树脂、合成橡胶等的重要原料。氮作为一种营养元素还可以用来制作化肥，如碳酸氢铵、硝酸铵、氯化铵等。

2. 用来填充汽车轮胎。

爆胎是公路交通事故中的头号杀手，汽车行驶时，轮胎温度会因与地面摩擦而升高，尤其在高速行驶及紧急刹车时，胎内气体温度急速上升，胎压骤增，这都增加了爆胎的可能。

与一般高压空气相比，高纯度氮气因无氧且几乎不含水分不含油，其热膨胀系数低，热传导性低，升温慢，降低了轮胎聚热的速度，同时具有不可燃也不助燃等特性，从而大大减少了爆胎的概率。

此外，使用氮气后，胎压稳定，体积变化小，大大降低了轮胎不规则摩擦的可能性，提高了轮胎的使用寿命。

3. 其他用途。

由于氮的化学惰性，常用作保护气体，如瓜果、食品、灯泡填充气，防止某些物体暴露于空气时被氧化。用氮气填充粮仓，可使粮食不霉烂、不发芽，得以长期保存。

我们知道氮气是空气的主要成分，占大气总量的78％，如果空气中所含的氮气含量过高会怎样呢？就会造成吸入气氧分压（即在给定温度及体积下，仅一种气体单独存在而充满容器时的压强）下降，引起缺氧窒息。

当吸入的氮气浓度不太高时，患者最初会感到胸闷、气短、疲劳无力，继而出现烦躁不安、极度兴奋、乱跑、叫喊、神情恍惚，称之为"氮酩酊"，可进入昏睡或昏迷状态。吸入浓度过高，患者可迅速昏迷、因呼吸和心跳停止而死亡。

当人潜水到50～120米深度时，吸收气体的氮气压可升高到5～10个大气压，则高压氮将产生麻醉作用，称为氮麻醉。如果从高压环境下过快转入常压环境，人体内会形成氮气气泡，压迫神经、血管或造成微血管阻塞，发生"减压病"。

第二章
千变万化的气体

氧气的发现

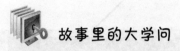

故事里的大学问

众所周知，没有氧气人是无法生存的。可你知道是谁发现了氧气吗？

1733年，约瑟夫·普利斯特里出生于英国黎芝城附近的飞尔特黑德镇，他是一个牧师，但他非常喜欢化学，他著有《几种气体的实验和观察》，在这本书里，他向科学界首次详细叙述了氧气的各种性质。

约瑟夫·普利斯特里当时把氧气称为"脱燃烧素"，他的试验非常有趣，其中一段写道："我把老鼠放在'脱燃烧素'的空气里，发现它们过得非常舒服……我自己试验时，是用玻璃吸管从放满这种气体的大瓶里吸取的。当时我的肺部所得到的感觉，和平时吸入普通空气一样；但自从吸过这种气体以后，身心一直觉得十分轻快舒畅。有谁能说这种气体将来不会变成时髦的奢侈品呢？不过现在只有我和两只老鼠，才有享受呼吸这种气体的权

利啊！"

约瑟夫·普利斯特里在制取出氧气之前，他就制得了氨、二氧化硫、二氧化氮等，和同时代的其他化学家相比，他采用了许多新的实验技术，所以被称之为"气体化学之父"。

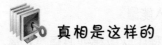 **真相是这样的**

还记得化学老师讲的实验室里制造氧气的方法吗？加热高锰酸钾，化学式为：

$$2KMnO_4 \xrightarrow{\triangle} K_2MnO_4 + MnO_2 + O_2\uparrow$$

二氧化锰做催化剂，使过氧化氢分解，用催化剂MnO_2并加热氯酸钾，化学式为：

$$2KClO_3 \xrightarrow{\triangle MnO_2} 2KCl + 3O_2\uparrow$$

用过氧化氢稀溶液加二氧化锰的方法：双氧水（过氧化氢）在催化剂MnO_2中，生成O_2和H_2O，化学式为：

$$2H_2O_2 + (MnO_2) == 2H_2O + O_2\uparrow$$

氧气是空气的组成成分之一，无色、无嗅、无味，密度比空气大，在标准状况（0℃和大气压强$101325P_a$）下密度为 1.429g/L，能溶于水，溶解度很小，1L 水中约溶 30mL 氧气。在压强为 101kPa 时，氧气在约 − 180℃时变为淡蓝色液体，在约 − 218℃时变成雪花状的淡蓝色固体。

氧气与人类的生活息息相关。氧是心脏的动力源，它是人体进行新陈代谢的关键物质，是生命活动的第一需要。人体呼吸进的氧转化为人体内可利用的氧，称为血氧，血液携带血氧向全身输入能量。

在工艺冶炼中，在炼钢过程中吹以高纯度氧气，氧便和碳及磷、硫、硅等起氧化反应，降低了钢的含碳量，有利于清除磷、硫、硅等杂质。氧化过程中产生的热量足以维持炼钢过程所需的温度，所以，吹氧不但缩短了冶炼时间，同时提高了钢的质量。

在化学工业中，在生产合成氨时，氧气主要用于原料气的氧化，例如，重油的高温裂化，以及煤粉的气化等，以强化工艺过程，提高化肥产量。

在国防工业中，液氧是现代火箭最好的助燃剂，超音速飞机也需要液氧作氧化剂，可燃物质浸渍液氧后具有强烈的爆炸性，可制作液氧炸药。

总之，氧气的发现为人类的进步做出了巨大的贡献。

小博士课堂

无论是潜水作业，还是登山运动，抑或是医疗抢救，氧气的供给都是非常重要的，那是不是吸入的氧气越多越好呢？

早在 19 世纪中叶，英国科学家保尔·伯特首先发现，让动物吸入纯氧会引起中毒，人类亦如此。人在大于 0.05MPa 的纯氧环境中，对所有的细胞都有毒害作用，吸入时间过长，就可能发生"氧中毒"。肺部毛细管屏障被破坏，导致肺水肿、肺瘀血和出血，严重影响呼吸功能，进而使各器官缺氧而发生损害。

在 0.1MPa 的纯氧环境中，人只要停留 24 小时，就会发生肺炎，最终导致呼吸衰竭、窒息而死。

人在 0.2MPa 高压纯氧环境中，最多可停留 1.5～2 小时，超过了会引起脑中毒，精神错乱，记忆丧失。

在 0.3MPa 甚至更高的纯氧环境中，人会在数分钟内发生脑细胞变性坏死。

由此看来，人并不是吸入越多的氧气就越好。

真的有"笑气"吗

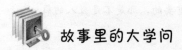 **故事里的大学问**

你相信世界上有一种气体，一闻到它，就会情不自禁地大笑起来吗？

在一次化学晚会上，表演者孙老师走向台前，对台下的观众说："我今天能使在座的同学们大笑。"立刻引来台下一片嘘声。这时有个同学主动走上前要当场试验一下。

于是，孙老师从口袋里拿出一个玻璃瓶，对这位同学说："你闻一闻这瓶里是什么气味？"可是这瓶里好像什么都没有，这位同学便大胆地打开瓶塞，将瓶口对准鼻子深深吸了几下。

天呀！奇迹出现了，这位同学竟然情不自禁地哈哈大笑起来，引得台下的观众也好奇地跟着笑起来。那么，你知道孙老师的瓶子里到底有着怎样的奥秘吗？

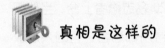

真相是这样的

　　原来，孙老师事先在瓶子里收集了一种无色的气体，名叫一氧化二氮，分子式为 N_2O，因为这种气体能让人发笑，所以，人们又叫它为"笑气"。那位同学不知道其中的缘由，深深地吸了几口，自然就会大笑起来了。那你知道是谁先发现笑气的吗？

　　1800 年的一天，英国化学家戴维在实验室中制得一种气体，为了弄清楚这种气体的性质，他便凑近瓶口，想仔细闻一闻，没想到，他却突然大笑起来，让在场的另外一位同事感到莫名其妙。于是这位同事也学着戴维的样子，闻了闻瓶中的气体，结果他也情不自禁地大笑起来。这就是"笑气"的发现过程。

　　1844 年的一天，一位自称"化学魔术师"的人利用笑气做了一个广告："明日上午九时在市政府大厅进行一场吸入笑气的公开表演。本人为公众准备了一些笑气，可以供 20 名志愿者使用，同时派 8 名大汉维持秩序，以防发生意外，望公众踊跃观看，在笑声中获得新奇感和得到精神上的满足。"

　　广告贴出后，立刻吸引了无数猎奇者，人们争先恐后地买票来看表演，当场就有 20 名志愿者上台。当他们吸入了"笑气"后，个个都笑得前仰后合，有的人还放声歌唱，手舞足蹈，做出很多奇怪的动作。在场的观众看后，也跟着笑得直不起腰来，顿时大厅里一片混乱。

其中有一位年轻人在吸了"笑气"后，不仅大笑大叫，还身不由己地狂蹦乱跳，一下子从高台上往下跳，摔断了大腿，而那位青年却毫无痛苦的感觉，仍然大笑不止。台下的一位牙科医生看到这一场景后，立刻想到这种"笑气"不但能使人发笑，肯定还有麻醉镇痛的作用。后来，这位牙科医生在为牙病患者拔牙的时候也用笑气进行麻醉，果然，牙病患者感觉不到一丝疼痛。从此，"笑气"的功能在麻醉学的领域里得到了应用。不过，值得注意的是，过量吸入"笑气"可能会导致生命危险。

小博士课堂

一氧化氮具有神奇的生理调节的功能。研究已表明，一氧化氮具有免疫调节、神经传递、血压生理调控和血小板凝聚的抑制等生理功能。在许多组织中，尽管其真正的释放量还难于检测，但可以肯定释放出不同浓度的一氧化氮，其浓度的变化与机体的生理机

　　能紧密相关。许多疾病，如基因突变和生物机体中毒等，可能是一氧化氮的释放或调节不正常引起的。

　　进一步的研究还表明，一些药物可通过新陈代谢来调节一氧化氮的生理机能，使其变成有益的分子，清除机体内有害的代谢物。相信在不久的将来，一氧化氮会带给我们更多的惊喜，说不定到那时候很多人类无法攻克的顽症都能迎刃而解。

消灭污染环境的"黄龙"

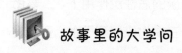

故事里的大学问

　　众所周知，《西游记》里的孙悟空能千变万化是神话，现实中不可能有如孙悟空一样的人物，不过，在化学领域却可以实现千变万化。

　　1972 年，美国总统尼克松在周恩来总理的陪同下，来到京西燕山的石油化工总厂参观，那天气压较低，从发电厂里排出的滚滚黄烟铺天盖地，令人十分扫兴。周总理当即指示，一定要想办法消灭这条严重污染环境的"黄龙"。

　　半年以后，这条"黄龙"果真被消灭了，方法是让黄烟通过一条含碘的活性炭通道，你知道这是什么原理吗？

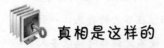 **真相是这样的**

发电厂冒出的烟呈现出棕黄色，是因为高硫在燃烧时释放出大量的二氧化硫，它是一种有害气体，严重危害人体健康和农作物生长。正所谓一物降一物，虽然二氧化硫很厉害，但只要在含碘的活性炭作用下，二氧化硫就会迅速变成三氧化硫，三氧化硫易溶于水，变成重要的工业原料硫酸。

这样一来，就把有毒的"黄龙"消灭了，不仅如此，还可将硫酸与磷灰石作用产生过磷酸钙肥料。据测算，一个2.5万千瓦的发电厂，每小时排放7万立方米废气，以二氧化硫浓度0.35%计算，每年可得到硫酸1.5万吨、磷肥3.8万吨，价值33多万元。这真是变毒为宝呢。

在二氧化硫到硫酸的转变过程中，最重要的是被称为"催化剂"的神奇物质——含碘的活性炭。那么，什么是催化剂呢？催化剂能使一种物质变成另一种物质，而它本身并不参加化学反应。

催化剂的本领很大，原来速度很慢的化学反应，在催化剂的作用下，反应速度可大大提高。例如在常温常压下把氢气和氧气放在一起，即使是过一万年也不能化合成水，但在金属铂的作用下，不用百分之一秒的时间，它们就变成了水。

以前，不少化学反应需要在高温高压的环境下才能进行，如今，在催化剂的作用下，可大大降低反应温度和压力，节省能源。

小博士课堂

目前，人类已经使用的催化剂至少有 1 万多种，在许多物质的转化过程中，它们起到了点石成金的作用，创造了一个又一个奇迹。

1953 年，德国的齐格勒和意大利的纳塔，发现烯烃聚合催化剂，使人类进入了高分子时代。

20 世纪 70 年代末，美国盘山都公司用铑作催化剂，由甲醇合成醋酸获得成功，改变了依靠粮食制醋酸的历史。

1984 年，日本高沙公司用重金属作催化剂，合成出薄荷醇，并且出口量占世界销售量的三分之一，从此，薄荷的生产再不用只靠大自然了……

相关资料显示，现在人类使用的 70％ 的橡胶、

90％以上的塑料、50％以上的纤维和油漆、80％的药和染料等，都是通过化学催化技术制得的。

所以说，催化剂是化学中的孙悟空，是化学科学的一员主将。

光芒四射的氙灯

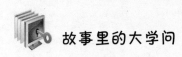

故事里的大学问

在车站、码头或者是广场中，你从老远就能看到耀眼的灯光，比我们家里用的电灯要亮得多，这是因为它是一种特殊的灯——氙灯。

氙灯是 20 世纪 60 年代发展起来的新光源之一，氙灯的灯管是用耐高温、热膨胀系数小的全透明石英管做成的，两端封接有两个钍钨（或钡钨）电极，管内充有高纯度的氙气。

通电时，氙气受激发，就能射出强烈的白光。它的功率可以从一万瓦到几十万瓦。所以，人们称氙灯为"人造小太阳"。

那么，你知道氙灯为什么能发出如此耀眼的光芒吗？

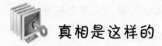

真相是这样的

氙灯光芒四射的秘密就在于管内高纯度的氙气，由氙气制造出的高压氙气弧光放电灯，分为长弧氙灯、短弧氙灯和脉冲氙灯，用氙气填充的长弧氙灯，光谱与日光十分接近，被称之为"小太阳"，此种氙灯穿雾能力非常强，常用于车站、码头以及广场照明。

"短弧氙灯"的色彩类似于中午的日光，色温高，使用方便，是理想的人造"太阳灯"，用于广场、街道、舞台照明、电影放映等。

"脉冲氙灯"是一种在很短时间内发光的光源，常称之为"闪光灯"，就是利用氙气脉冲放电而发光，这种小氙灯广泛用于摄影。

稀有气体包括氦气、氖气、氩气、氪气、氙气等几种气体，它们都是无色、无味的气体，性质很不活泼，很难与其他物质发生化学反应，所以也叫惰性气体。

由于稀有气体的性质不活泼，所以常用作保护气。比如，把氩气和氮气混合充入灯泡里，这样就可以使灯泡经久耐用。因氩气比空气轻，又不会燃烧，现在常用它代替氢气充填气球和气艇。

此外，由于稀有气体通电时能发出不同颜色的光，可制成多种用途的电光源，如航标灯、强照明灯、闪光灯、霓虹灯等。

甲醛与疾病

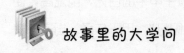 故事里的大学问

经过两个多月的紧张忙碌，萌萌家的新房子终于装修好了，一家人高高兴兴住了进去。可刚住进一个星期，家里就接二连三地发生怪事。

先是买的花没几天就莫名其妙地全部枯萎了，接着是一向十分健康的萌萌身上长出了很多莫名其妙的皮疹，萌萌的爸爸接二连三的感冒，萌萌的妈妈总感到头晕、眼花，睡眠质量也大大降低。后来，萌萌的爸爸找到了一家空气检测机构，才找到问题的根源——甲醛超标。

你知道什么是甲醛吗？甲醛又会对我们的身体造成

怎样的影响呢?

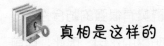　**真相是这样的**

　　甲醛是一种无色、具有刺激性且易溶于水、醇和醚的气体,它具有凝固蛋白质的作用,其 35%～40% 的水溶液通称为福尔马林,常作为浸渍标本的溶液,甲醛为较高毒性的物质,在我国有毒化学品优先控制名单上甲醛高居第二位。

　　那么,甲醛超标会对我们的身体造成哪些严重危害呢?

　　首先,致敏作用,皮肤直接接触甲醛会引起过敏性皮炎、色斑、坏死,吸入高浓度甲醛时会诱发支气管哮喘。

　　其次,刺激作用,甲醛的主要危害表现为对皮肤黏膜的刺激,甲醛能与蛋白质结合,高浓度吸入时会对呼吸道造成严重的刺激和水肿,眼睛刺疼、头痛。

　　再次,致突变作用,高浓度甲醛还是一种基因毒性物质,在高浓度吸入的情况下,可引起鼻咽肿瘤。

　　那么,有毒的甲醛来自哪里呢? 我国居民家庭中的甲醛主要来自三个方面：

一是室内装修的胶合板、细木工板、中密度纤维板和刨花板等人造板材，因为甲醛具有很强的黏合性，还具有加强板材的硬度及防虫、防腐的作用。因此，目前生产人造板使用的胶黏剂多是以甲醛为主要成分的脲醛树脂。

二是含有甲醛成分的各类装修材料，如白乳胶、泡沫塑料、油漆和涂料等。乳胶粘剂在装饰装修中广泛用于木器工程和墙面处理，封闭在墙面的乳胶中的甲醛最难清除。

三是室内装饰纺织品，包括床上用品、墙纸、化纤地毯、窗帘和布艺家具。在纺织生产中，为了增加抗皱、防水、防火等性能，也会加入一些含有甲醛的助剂。

小博士课堂

虽然甲醛超标会给人体造成一定的危害，但是不可否认的是，甲醛的用途十分广泛，与人们的生活息息相关。那么，甲醛有怎样的用途呢？

1. 纺织业。

在服装面料生产过程中，为了达到防皱、防缩、阻燃等作用，或为了保持印花、染色的持久性，都会

用到甲醛。目前用甲醛印染助剂较多的为纯棉纺织品。穿着含有甲醛的纺织品会逐渐释出游离甲醛，通过人体呼吸道及皮肤接触引发呼吸道炎症和皮肤炎症，还会对眼睛产生刺激。

2. 防腐溶液。

甲醛无色，有刺激气味、易溶于水，35%～40%的甲醛水溶液俗称福尔马林，具有防腐杀菌性能，可用来浸制生物标本，给种子消毒等。甲醛具有防腐杀菌性能的原因主要是能与构成生物体上的蛋白质上的氨基发生反应。

此外，甲醛还用于木材加工和食品行业，如加入水产品等不易储存的食品中。

揭开魔鬼谷的秘密

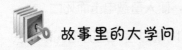

故事里的大学问

在新疆与青海交界的昆仑山区，有一条神秘而恐怖的山谷——那棱格勒河中上游的魔鬼谷。每当牧民和牲畜进入后，风和日丽的晴天顷刻间电闪雷鸣，狂风大作，人畜常常遭电击而倒毙。在谷中到处可见腐烂了的动物骨骸、猎人的枪和淘金者的尸体，让人毛骨悚然。多少年来，这里有两个谜团一直令人费解：一个是山谷的牧草为什么会出奇的繁茂？另一个是这么美丽的牧场为什么成为牦牛和牲畜的坟场？

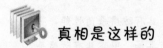

真相是这样的

原来，魔鬼谷的磁场强度非常高，巨大的磁力使指南针失灵，仪器不准。这里的地层除有大面积三叠纪火山喷发的强磁性玄武岩外，还有 30 多个磁铁矿脉及石英闪长岩体，正是这些岩体和磁铁矿产生了强大的地磁异常带。夏季它使受昆仑山阻挡而沿山谷东西分布的雷雨云中的电荷在这里汇集，形成超强磁场，遇到异物，便会发生尖端放电即雷击现象，使人畜遭电击而死亡。

电闪雷鸣一般会伴随着降雨过程，同时电闪雷鸣会给空气中的氮气和氧气化合提供条件，生成一氧化氮，一氧化氮继续被氧化成二氧化氮，二氧化氮被雨水吸收转化为硝酸，硝酸随雨水降下，淋洒到土壤中，并与土壤中的矿物质作用生成能被植物吸收的硝酸盐。这样就使土壤增加了硝态氮肥，促进了植物的生长。这就是魔

鬼谷四季常青，牧草茂盛的原因。

　　一氧化氮是非常不稳定的，在空气中很容易转变成二氧化氮，它是一种有毒的气体，主要损害呼吸道，吸入初期仅有轻微的眼及呼吸道刺激症状，如咽部不适、干咳等。经数小时至十几小时的潜伏期后就会发生迟发性肺水肿、出现胸闷、呼吸窘迫、咯泡沫痰、发绀等，可并发气胸及纵隔气肿。

　　一旦发现有人氮氧化合物中毒，应立即让其离开现场，扶其到空气新鲜处，并保持呼吸道顺畅。如发现中毒的人呼吸困难，要及时输氧；如呼吸停止，需立即进行人工呼吸，并及时就医。

水火真的不容吗

故事里的大学问

　　俗话说："水火不相容"。水能灭火的道理妇孺皆知。但是在一些特殊的情况下，水却能助燃，甚至与火"狼狈为奸"。

在生活中，你可能遇到过这样的事情，在使用煤炉或者煤气灶时，如不小心将水洒在煤炉上，这时火不但没有小，还会猛地变成一个火团向上蹿，你知道如何解释这一现象吗？

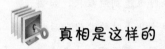 **真相是这样的**

水能灭火是因为把大量的水浇到火上时，水将燃烧产生的热量夺去，产生了水蒸气，使可燃物的温度降低。同时，水蒸气又将燃烧物与空气隔绝，所以火势就减小了，火就被扑灭了。但是少量的水遇到烧得通红的煤炭或煤气时就会产生水煤气。

水煤气的主要成分是一氧化碳和氢气，两者都是可燃性的气体，一遇到火就会立刻燃烧起来，所以火就越烧越旺。一些有经验的烧炉师傅喜欢在燃烧旺盛的炉火上加一些湿煤，就是利用了水的这个特性。

你相信水会变成可怕的烈性炸药吗？在英国曾经发生过这样一件事：一天，英国一家炼铁厂的熔铁炉底部产生了裂缝，顷刻间炽热的铁水从裂口跑了出来，当温

度达到一千多摄氏度的铁水遇到炉旁一条水沟时，"轰"的一声巨响，整个车间被炸掉了。水怎么会有与炸药一般的威力呢？

水在一般情况下是很稳定的，但是如遇高温的铁水就会发生下面的反应：

$$3Fe + 4H_2O \xrightarrow{\quad\quad} Fe_3O_4 + 4H_2 \uparrow$$

当一千多摄氏度的铁水流入水沟时，在瞬间产生了大量的易燃易爆气体，这些气体被铁水的高温点燃，所以就把巨大的生产车间炸掉了。

为了避免这一悲剧再次发生，钢铁厂里的铁水包在注入炽热的铁水与钢水之前，必须进行充分的干燥处理，不让包中留下一滴水，以防止爆炸的发生。

小博士课堂

通过上面的讲解，我们应该明白这样一个道理：水火并不总是不相容的。要知道，水也是能够点火的哦！

在酒精灯的灯芯里，放入绿豆般大小的一粒切除了表面氧化物的金属钾，用水点酒精灯，马上就被点着了。这是金属钾遇水发生了剧烈的化学反应，生成了氢氧化钾和氢气，同时放出了大量的热，使酒精灯燃烧起来。由此可见，当钠、钾等化学物质发生燃烧时，如在上面浇水，会比火上浇油更危险。

科学实验证明，向液体燃料油中喷水，使油雾化后燃烧，可使火焰更旺。原来，喷入的水处在这些燃料油的微滴当中，当油滴燃烧时，水受热变成水蒸气，膨胀的水蒸气将油滴炸得粉碎，使油与空气混合成了油气。这样一来，燃料油同空气中的氧气混合得更充分了，燃烧进行得也更迅速，所以火焰就更旺盛了。

湄公河上的"火球" 之谜

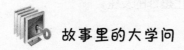 故事里的大学问

每年第十一个朔望月的第一个月圆之日，湄公河上就会冒出数百个"火球"，有红色、粉红色、橙色等数种颜色，它们从河面腾空而起，直入云霄。每每这时，就会吸引大批居民及旅游者前往观看。

由于"火球"出现的时间正好与当地居民的传统斋戒结束日期不谋而合，所以引起了人们的许多猜测，人们认为"火球"是由盘踞在湄公河里的一条大蛇吐出的。

这当然只是迷信的说法，可是我们又该用什么科学知识解释这一现象呢？

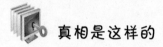

真相是这样的

泰国科学家们确信火球是一种自然现象，他们从"火球"现象的发源地采集了土壤和水样。经过研究发现，"火球"很可能是由甲烷和氮气造成的。

湄公河底部有长年累积下来的大量动植物遗骸，分解腐烂后释放出甲烷、氮气，河水在阳光的照射下，温度升高到一定程度后，气体就会上升到水面。当氮气、甲烷与氧气发生化学反应，就会燃烧起来，从而形成"火球"的奇观。

大家对氮并不陌生，那么甲烷是什么呢？其实，甲烷在自然界中的分布非常广，它是最简单的有机物，也是含碳量最小（含氢量最大）的烃，也是天然气、沼气、油田气及煤矿坑道气的主要成分。甲烷可用来作为燃料及制造氢气、炭黑、乙炔、一氧化碳、氢氰酸及甲醛等物质的原料。

在通常情况下，甲烷比较稳定，与高锰酸钾等强氧化剂不会发生化学反应，与强酸、强碱也不会发生化学反应。但是在特定的条件下，甲烷就会发生某些化学反应，最基本的氧化反应就是燃烧：

$$CH_4 + 2O_2 \rightarrow CO_2 + 2H_2O$$

小博士课堂

甲烷是一种重要的燃料，是天然气的主要成分，在标准压力的室温环境中，甲烷是无色、无味的。或许你会感到疑惑：为什么家用天然气有一股特殊的味道呢？这是为了安全而添加的甲硫醇或乙硫醇的味道。

飞人之死

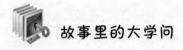

故事里的大学问

1783年11月21日，法国巴黎米也特堡广场人山人海，连国王路易十六和王室人员也出来了。因为在广场即将举行一次史无前例的表演——人乘气球飞上天去。

表演者罗泽尔和马库斯·达兰德登上了停在广场中心的气球吊篮，这是一只热气球，气球的气囊口正对着

熊熊的烈火，热空气把气囊充得鼓鼓的。下午 1 时 45 分，气球在礼炮声中冉冉升起。气球飞行了 20 多分钟，飞行了 8 千米后，最终平安落地。

之后，罗泽尔越加喜欢航空探险，就在他飞上天的第二年，他又心血来潮，要乘气球飞越英吉利海峡。那时已经发明了氢气球，他就把氢气球与热气球组合在了一起，准备用这种组合式的气球去横渡海峡，不料，气球却在海峡上空发生了爆炸，罗泽尔也因此失去了生命。

你能用化学知识解释一下罗泽尔乘坐的组合式的气球为什么会发生爆炸吗？

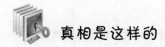

真相是这样的

罗泽尔乘坐的组合式的气球之所以会爆炸，其原因就在于他不知道氢气是一种易燃易爆的气体，遇到火星就会爆炸，而热气球正好是火星的来源。

氢气是无色并且密度比空气小的气体。在常温下，氢气的性质很稳定，不容易跟其他物质发生化学反应。但在点燃或加热的条件下能跟许多物质发生化学反应，最常见的就是在氧气中燃烧，生成水。

不过，不要认为氢气加热就会发生爆炸，只有点燃不纯的氢气才会发生爆炸。氢气爆炸极限是 4.0％～75.6％（体积浓度），意思是说，如果氢气在空气中的体积浓度在 4.0％～75.6％之间时，遇火源就会爆炸，而当氢气浓度小于 4.0％或大于 75.6％时，即使遇到火源，也不会发生爆炸。

2011 年福岛第一核电站 1 号机组和 3 号机组发生的爆炸都是氢气爆炸，造成大量放射性物质泄漏到外部，严重威胁人们的健康，由此可见，氢气爆炸真的不容小视啊！

 小博士课堂

氢作为燃料，是一种最洁净的能源，因为氢的燃烧产物是水，对环境不会造成任何的污染。相反，以汽油，柴油为燃料的车辆，排放大量氮氧化物、四乙基铅，会导致酸雨，酸雾和严重的铅中毒。更重要的是，废气中还含有苯并芘等强致癌物质，污染大气，危害健康。

不仅如此，氢的热值高，氢燃烧的热值高居各种燃料之冠。据测定，每千克氢燃烧放出的热量为 1.4×10^8 焦耳，是石油热值的 3 倍多，并且它贮存体积小，携带量大，行程远。

相信在不久的将来，在马路上的奔跑的汽车也能用氢作为燃料，那时候就不会担心空气污染问题了。

"屠狗洞" 的真相

 故事里的大学问

在意大利某地有一个奇怪的山洞，人走进这个山洞平安无事，可是只要狗一走进山洞就会一命呜呼，所以，当地居民称之为"屠狗洞"。迷信的人认为洞里有一种"屠狗"的妖怪。

为了找到"屠狗洞"的真相，科学家波尔曼来到山洞进行实地考察，他在山洞里并没有找到所谓的"屠狗"的妖怪，只看到岩洞里倒悬着许多钟乳石，地上丛生着石笋，立在潮湿的地上，波尔曼透过这些现象经过科学的推理终于揭开了其中的奥秘。

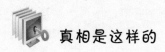 **真相是这样的**

"屠狗洞"的秘密就在于它的构成上，它是由大量钟乳石和石笋组成的岩洞——石灰岩岩洞，在这里，

长年累月进行着一系列的化学反应。我们知道石灰岩的主要成分是碳酸钙，受热后会分解产生二氧化碳气体：

$$CaCO_3 \xrightarrow{\triangle} CaO + CO_2 \uparrow$$

之后，二氧化碳又和地下水、石灰岩发生化学反应，生成可溶性的碳酸氢钙：

$$CaCO_3 + CO_2 + H_2O == Ca(HCO_3)_2$$

当含有碳酸氢钙的地下水渗出地层时，因压力降低，碳酸氢钙分解又释放出二氧化碳：

$$Ca(HCO_3)_2 == CaCO_3 \downarrow + CO_2 \uparrow + H_2O$$

因二氧化碳比空气重，所以聚集在地面附近，浓度较高，当人进入山洞后，二氧化碳只淹没人的下半身，有少量的二氧化碳扩散，人只会感到轻微的不适，但狗站立时正好淹没在二氧化碳中，最终狗等小动物会因缺氧而窒息死亡。

小博士课堂

炎热的夏天，人们喜欢喝啤酒消暑，打开啤酒瓶盖时经常看到啤酒向外喷出大量的泡沫，有时还会像喷泉一样喷出，这是什么原因呢？

一般来说，每升啤酒中都含有5g左右的二氧化

碳，在制造啤酒时，会通过一定的压力将其灌入瓶中，所以，每瓶啤酒里都溶解了一定的二氧化碳。由于啤酒瓶里是有一定空隙的，打开时，只要轻轻摇晃，气体就会形成泡沫从啤酒瓶里溢出来。

二氧化碳——温室效应的缔造者

 故事里的大学问

根据南极洲派恩岛冰川的卫星测量显示，冰面正以每年 16 米的速度下降，从 1994 年以来已经下降了 90 米。15 年以前，据估计按照当时的融化速度，冰川将在 600 年以内消失。现在的数据显示这一数字降到了 100 多年。

如果派恩岛的冰川崩塌，将会导致海平面上升，同时还会伴随整个西南极洲冰架的快速解体。来自利兹大学的安得鲁教授说，冰川中心的融化将会使全球海平面上升 3cm。

那么，你知道为什么南极洲的冰川融化速度会如此快吗？又是什么导致了冰川的融化呢？

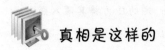 **真相是这样的**

南极洲的冰川融化速度较快是全球变暖造成的，全球变暖指的是在一段时间内，地球的大气和海洋因温室效应而造成温度上升的气候变化现象。

那又是什么导致了全球变暖呢？这就不得不提到温室效应，温室效又称"花房效应"，大气能使太阳短波辐射到达地面，但地表向外放出的长波热辐射线却被大气吸收，这样就使地表与低层大气温度增高，因其作用类似于栽培农作物的温室，故名温室效应。

温室效应主要是由于现代化工业社会过多燃烧煤炭、石油和天然气，这些燃料燃烧后放出大量的二氧化碳气体进入大气造成的。二氧化碳气体具有吸热和隔热的作用，它在大气中增多的结果是形成一种无形的"玻璃罩"，使太阳辐射到地球上的热量无法向外发散，就导致地球表面变热，所以，二氧化碳也被称为温室气体。

当然，二氧化碳也不是一无是处的，它最为常见的用途就是灭火——干冰灭火器，固态二氧化碳压缩后俗称为干冰，灭火器中液态二氧化碳喷出后气化吸热，大量吸收正在燃烧物的热量，对燃烧物起到冷却的作用，

而且由于二氧化碳的密度大于空气，本身又是不支持燃烧的惰性气体，所以，二氧化碳覆盖在燃烧物表面，能起到隔绝空气中氧气的作用，以达到灭火的目的。

不过，需要注意的是，干冰灭火器并不适用于镁、钠、钾、铝等活泼金属的灭火。因为它们在二氧化碳中可以燃烧，这时二氧化碳不仅不能灭火，还会使钠燃烧得更加厉害。

小博士课堂

光合作用即光能合成作用，是植物、藻类和某些细菌，在可见光的照射下，经过光反应和碳反应，利用光合色素，将二氧化碳（或硫化氢）和水转化为有机物，并释放出氧气（或氢气）的生化过程。

在植物光合作用的过程中，二氧化碳的参与必不可少。不仅如此，在一定范围内，二氧化碳的浓度越高，植物的光合作用就越强，因此二氧化碳是最好的气肥。

美国科学家在新泽西州的一家农场里，利用二氧化碳对不同作物的不同生长期进行大量的试验研究后发现，二氧化碳在农作物的生长旺盛期和成熟期使用，效果最明显。在这两个时期中，如果每周喷射两次二氧化碳气体，喷上4～5次后，蔬菜可增产90%，水稻增产70%，大豆增产60%，高粱甚至可以增产200%。

谁主沉浮

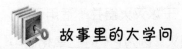
故事里的大学问

你有什么办法能让一枚新鲜的鸡蛋从液体底部浮起来呢？建议你不妨做下面的实验：

准备一个大烧杯，在里面倒入稀盐酸溶液，然后往烧杯中放一个新鲜鸡蛋，它会沉入水底。不过，过一会儿，鸡蛋又会上升到液面，接着又沉入杯底，过一会儿鸡蛋又重新浮到液面，就这样反反复复多次。你能用你所学到的化学知识解释这一现象吗？

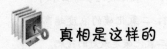
真相是这样的

要解释这一现象，就要先弄清楚鸡蛋外壳的主要成分是什么，鸡蛋外壳的主要成分是碳酸钙，遇到稀盐酸时会发生化学反应，生成氯化钙和二氧化碳：

$$CaCO_3 + 2HCl =\!=\!= CaCl_2 + CO_2\uparrow + H_2O$$

二氧化碳气体形成的气泡紧紧地附着在蛋壳上，产

生的浮力使鸡蛋上升，当鸡蛋上升到液面时，气泡所受的压力变小，一部分气泡破裂，二氧化碳气体向空气中扩散，致使浮力减小，鸡蛋又开始下沉。

当鸡蛋沉入杯底后，稀盐酸继续与蛋壳发生化学反应，又不断地产生二氧化碳气泡，使鸡蛋再次上浮，如此循环往复地上下运动。直到鸡蛋外壳被盐酸作用光了之后，化学反应停止了，鸡蛋的上下运动也就停止了。但是由于杯中的液体里含有大量的氯化钙和剩余的盐酸，所以最后液体的比重要大于鸡蛋的比重，鸡蛋最终就浮在了液体上面。

小博士课堂

在以上的两个实验中，说到底都是二氧化碳在主沉浮，二氧化碳与我们的生活息息相关，不仅植物的光合作用需要二氧化碳，灭火剂需要干冰的参与，就连人工降雨都少不了二氧化碳来帮忙。

人工降水的主要方法是向云中播撒人工催化剂，在低于0℃的冷云中播撒碘化银或干冰，可以产生大量人工冰晶，这些冰晶迅速长大到一定程度，降落到地面，形成降水。

液化气和煤气是不是一回事

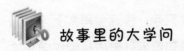 故事里的大学问

今天暑假，娇娇跟随父母来到了农村的奶奶家。以前，奶奶做饭的时候需要烧柴，天气不好的时候，常常弄得满屋子都是烟，非常呛人。

这次回来，娇娇发现奶奶家的厨房里多了一个圆圆的钢罐。做饭的时候，奶奶一拧钢罐的阀门，气体就从钢罐里出来，跑到煤气灶里，呼呼地燃烧。不到一会儿工夫，饭菜就做好了。

奶奶告诉她这是液化气，娇娇疑惑地问妈妈：这与我们家里使用的煤气是一回事吗？娇娇的问题难倒了妈妈，你能帮她回答这个问题吗？

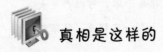 真相是这样的

液化气与煤气都是气体燃料，但不是一回事。煤气

主要是用煤做原料制造的，主要成分是一氧化碳和甲烷，煤气在煤气厂里诞生之后，先是贮存在高大的煤气柜里，然后沿煤气管道进入到用户家里。所以，只有在有煤气厂的地方，在铺设了煤气管道的地方才可能使用煤气。

液化气的全称是"液化石油气"，液化气来自油田气——开采石油时产生的气体，或者炼厂气——炼油厂产生的气体。这些气体是采油或炼油时产生的副产品。在油田气、炼厂气中含有丙烷、丁烷等，丙烷、丁烷在常温下是气体，受压后就容易变成液体。

丙烷、丁烷都容易燃烧，是非常好的气体燃料，但要把丙烷、丁烷气体装入钢瓶里，根本装不了多少。所以，人们就利用丙烷、丁烷容易液化的特点，把它们加压成液体，装进钢罐、钢瓶，以方便贮存和运输。使用时，拧开阀门，当压力减轻时，液化石油气就会变成气体冲出来。

由于液化石油气成本低廉，发热量大，在工厂里，人们已经用液化石油气代替乙炔切割钢材，与乙炔相比，液化石油气能节约不少电力和焦炭。

不过，需要提醒的一点是，使用液化石油气时，要注意贮气钢罐、钢瓶不可受热，要远离火源。液化气钢罐和钢瓶受热时，大量液化气变为气体，瓶内压力增大，易造成意外爆炸事故。

小博士课堂

除了液化气、煤气外，城市的居民家庭中还经常使用天然气做饭。液化气与天然气都属于燃气，但两者有本质的区别。

天然气深埋于地下，具有无色、无味、无毒的特性，主要成分是甲烷，常压下−162℃可转化为液态。

液化气是开采和炼制石油过程中的副产品，它是一种混合气体，主要成分是丙烷、丙烯、丁烷、丁烯，因其中各种碳氢化合物的含量不同，发热量也不同，液化气常温常压下呈气态，当压力升高或温度降低时，很容易变成液态，便于储存和运输。

司机昏迷之谜

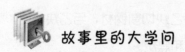

故事里的大学问

一天中午，一位年轻的司机在朋友家的楼下等朋友。因天气太热，车里一直开着空调，不一会儿他就睡着了。半个小时后，朋友从楼上下来，怎么也拉不开车门，使劲地拍打玻璃窗，这位司机都没有反应。

在不得已的情况下，朋友打破了车窗，将这位司机救了出来，急忙送到医院。医生说，这位司机是因一氧化碳中毒导致的昏迷。这一说法，让家人百思不得其解，坐在汽车里又没有煤炭，怎么会一氧化碳中毒呢？

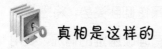

真相是这样的

当汽车发动机怠速空转时，因燃烧不充分，会产生含有大量一氧化碳的废气。现在轿车门窗的封闭性好，汽车在停驶状态下，发动机长时间运转排出的一氧化碳就有可能逐渐聚集在车内，车内的人员就会不知不觉中毒，严重时会丧失生命。所以，停车时一定要把空调关闭，或者打开车窗。

一氧化碳是无色、无味、无刺激性的气体，一氧化碳进入人体之后会和血液中的血红蛋白结合，产生碳氧血红蛋白，进而使血红蛋白不能与氧气结合，从而导致机体组织缺氧，人就会窒息死亡，加上一氧化碳是无色、无味的气体，所以很容易被忽略而导致中毒，常发生在居室通风差的情况下，煤炉产生的煤气或液化气管道漏气或工业生产煤气及矿井中的一氧化碳吸入而致中毒。

最常见的一氧化碳中毒症状，如头痛、恶心、呕吐、头晕、疲劳和虚弱的感觉。如果情况严重，就会因呼吸麻痹而死亡，即使经过抢救存活，也会发生严重并发症及后遗症。如果发现有人一氧化碳中毒，首先要打开门窗，注意不要触碰室内的家电，防止发生爆炸，将患者移到通风的地方，松开衣服，保持仰卧姿势，将患者头部后仰，使气道畅通。如患者有呼吸困难的情况，要用毛毯保温，迅速就医。

那么，如何避免一氧化碳中毒呢？实际上，一氧化碳是不完全燃烧的产物之一，如果能组织良好的燃烧过程，即具备充足的氧气、充分的混合，足够高的温度和较长的滞留时间，一氧化碳就会燃烧完毕，生成二氧化碳和水。所以，避免一氧化碳中毒的最好方法就是努力使之完全燃烧。

小博士课堂

虽然一氧化碳中毒会危及生命，但它并不是一无是处的，它可以作为还原剂，高温时能将许多金属氧化物还原成金属单质，所以常用于金属冶炼。比如，将黑色的氧化铜还原成红色的金属铜，将氧化锌还原成金属锌。

此外，一氧化碳在常温下化学性质稳定，它还有

一个重要的性质：在加热和加压的条件下，它能和一些金属单质发生反应，组成分子化合物，这些物质都不稳定，加热时立即分解成相应的金属和一氧化碳，这是提纯金属和制得纯一氧化碳的方法之一。

水果为什么会"早熟"

 ## 故事里的大学问

古代埃及人通过划伤无花果树来促进果实成熟，古代中国人把青涩的梨放在房间里熏香，现代花贩们可以把云南的花骨朵剪下来运到北京再开放，而水果贩子们则用"药水"把青香蕉催熟……

你知道这些是怎么做到的吗？在这一切看似无关的现象背后，隐藏着什么秘密呢？

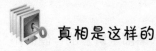 ## 真相是这样的

其实，在以上这些看似无关现象的背后，隐藏着一

只看不见的手——乙烯，乙烯与水果成熟有着怎样的关系呢？

19世纪，美国和俄罗斯的许多地方已利用木炭不完全燃烧得到的气体来点灯照明——人们很早就注意到气体在管道输送中会泄漏一部分，但发现管道周围的植物因此长得更加繁茂。

1901年，一个名叫奈留波夫的俄国植物生理学家在圣彼得堡的一个实验室里种豌豆苗，他发现在室内长出的豌豆苗比室外长出来的更短、更粗，而且不垂直向上生长而是往水平方向长。后来，奈留波夫找出了影响豌豆苗生长的成分——乙烯。而植物"短、粗、横向长"也就成了检测乙烯泄漏的"三项指标"。

1917年，科学家达伯特发现乙烯能促进水果成熟，由此乙烯与水果"催熟"联系在了一起。1934年，英国科学家甘恩从成熟的苹果中分离检测到了乙烯的存在。现在植物学家们不仅弄清楚了乙烯是如何产生的，如何影响水果成熟的，更重要的是学会了利用它来调节水果的"熟"与"不熟"。

我们知道，还没有成熟的水果都是青涩的，硬而不甜，青来源于叶绿素，涩则是因为其中的单宁，而硬主要是因为果胶，不甜是因为淀粉还没有转化为糖。等到

果实成熟的时候，植物中就会产生乙烯，之后就会发生一系列的化学反应，使水果最终变软、变甜。

水果成熟后被摘下来，过不了多长时间就会烂掉，如果是这样，北方的人就很难吃到香蕉了，该怎么办呢？这就需要乙烯的帮助。

比如香蕉，在还未成熟的时候收割下来，放置在乙烯产生最慢的温度下，就可以放很长时间而不会腐烂，到了想让香蕉成熟时候，再用乙烯"唤醒"沉睡的水果，这样就可以随时吃到新鲜的水果了。

中国古人摘下不成熟的梨子放在密封的房间里进行"熏香"，其实也是乙烯的参与，香是由一些植物原料做成的，"熏香"不完全燃烧就会在烟气中产生乙烯成分。

古代埃及人在无花果结果之后的某一时期，会在树上划出一些口子，为的是让果实成熟得更快，这是因为无花果结果之后的 16～22 天，对果树进行划伤处理的一小时之内，乙烯的产生速度会增加 50 倍。所以，接下来的三天之中，果实的直径和重量会分别增加到 2 倍和 3 倍，而没有划伤的则只有小幅度的增加。

乙烯是气体，使用起来非常不方便。现在一般用的是一种叫作"乙烯利"的东西。它本身跟乙烯是完全不同的化学试剂，最后会在植物体内转化成乙烯。

小博士课堂

　　我们在购买水果时，经常会看到一些水果会用纸或泡沫网包着，这可不是为了好看，那是为什么呢？

　　原来水果"受伤"了也会刺激乙烯的分泌，在运输过程中，水果之间难免会发生摩擦，虽然只是"小伤"但也会使它们产生更多的乙烯，加速成熟和腐烂，而成熟变软又会增加受伤的概率，所以才给它们穿上华丽的"外衣"。

第三章
丰富多彩的金属

燃烧的铁屑

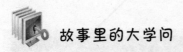

故事里的大学问

如果有人问你铁屑会燃烧吗？相信多数人都会不假思索地摇摇头，真是这样吗？

1968 年 1 月 27 日，在日本大阪市淀川区大谷重工业公司的工厂码头，装载在货船上的 400 吨切削铁屑发生自燃，船舱内的铁片达到需遮光保护眼镜才能观看的白热状态。为了灭火，人们往船舱中浇水，不料却听到了爆炸声，无奈之下只能把切削铁屑浸沉水中。

然而，当铁屑卸货后在地面上铺开时，又开始燃烧起来……船舱里的铁屑何以烧得这么旺呢？

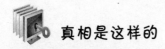

真相是这样的

船舱里的铁屑燃烧得如此旺盛，是因为海水、水蒸

气和氧气共同作用的结果：

　　$3Fe + 4H_2O$（水蒸气）$== Fe_3O_4 + 4H_2$

　　$3Fe + 2O_2 == Fe_3O_4$

　　由于这两个反应都是放热的，海水中的氯化物又不断破坏它们新生成的氧化膜，从而使反应迅速不断地深化发热，于是密闭在船舱里的铁屑自燃起来，最后连船也被烧毁了。

　　相信当同学在化学课上第一次看到铁丝在氧气中燃烧时，一定会非常惊讶：原来铁也是可以燃烧的啊！实际上，铁不但能在纯氧中燃烧，而且还能在空气中燃烧，甚至还能发生自燃。

　　不信的话，你可以亲自试一试，用草酸铁在干燥试管中加热，你会发现，只要把草酸铁适当加热，然后把它分解出的还原铁粉倒出试管，铁粉一出试管就会猛烈地自燃。

　　在某些物理状况下，几乎所有碱金属都会燃烧，其中有许多种会造成较特殊的危害，因为容易燃烧，所以一些金属称之为"易燃金属"，主要有以下几类：

　　1. 自燃金属，包括一些碱性物质，如钛、铯、铷、镁及钠钾合金。

2. 放射性物质：如铈、钍及铀等。

3. 非自燃金属：包含商业用结构物，譬如镁、钛、锌、铪等。

尤二姐之死

 故事里的大学问

看过名著《红楼梦》吗？剧中的尤二姐，模样标致，温柔和顺，是贾琏偷偷安置在荣国府外的妾室，但最终东窗事发，被王熙凤发现。在她借刀杀人的计谋下，尤二姐备受折磨，当胎儿被庸医打下后，她绝望地吞金自尽。

那么，吞金为什么能够导致死亡呢？是因为重金属中毒吗？

 真相是这样的

从古至今，人们对黄金的热爱都是非常痴狂的，黄

金可以使人一夜暴富，也能使人命丧黄泉。民间一直流传吞金可以致死的说法。很多人认为吞金能导致死亡是因为重金属中毒造成的。

重金属之所以能够使人中毒是因为它能使蛋白质的结构发生不可逆的改变，蛋白质的结构改变功能就会丧失，所以，体内细胞无法获得营养，排出废物，无法产生能量，细胞结构崩溃和功能丧失，就会导致死亡。

根据现代医学研究，纯金并没有毒性，也就是说吞入纯金物件是不会引起中毒死亡的，在古代的一些文献里记载的一些人喝了少量的金箔就毙命的案例，实际上并不是金中毒，很可能是当时冶炼技术不过关，金制品纯度不高，含有其他有毒杂质，才导致死亡的。

我们知道黄金的性状非常稳定，不溶于强酸或者强碱，除非是像王水这样的强腐蚀性的液体才能将其溶化，所以，金并不会与体内的蛋白质发生反应。吞金致死的真正原因是金子的重量压迫造成胃部或肠胃的机械损伤，比如胃下垂导致的出血，因为金是常见金属中最重的一种。

可以说，吞金自杀是一种艰难的死法，因为黄金比重大，下坠压迫肠道，不能排出，而一时又不会致命，吞金者是疼痛难忍、备受折磨而死。还有可能是，黄金进入消化道后，划破了消化道使人死亡。

小博士课堂

我们都知道狼吃羊是天性，不过动物学家们却有办法让狼改变生活习性不再吃羊，这是不是很神奇呢？

动物学家在美洲大陆上驯出了一种北美狼，它们不仅不吃羊羔，还会对羊敬而远之。原来，科学家给北美狼开了一张羊肉加氯化锂的"处方"，即在羊肉中掺进一种叫氯化锂的化学药品，北美狼吃了这种羊肉，会出现消化不良及腹胀等疾病。慢慢地，北美狼就不再吃羊羔了。

更为有趣的是，母狼吃什么样的食物，它的奶就会有什么样的味道。母狼不吃羊羔的特性，很快就传给它的幼仔，从此在北美大陆上的北美狼世世代代都不吃羊了。

水也能点燃纸吗

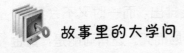

故事里的大学问

前不久，欢欢在老师的带领下，和同学们一起去少

年宫看了一场科学表演会。其中一个表演给欢欢留下了深刻的印象。

那是一位同学表演的化学魔术，只见他手中拿着一张白纸，并特意对着观众晃了两下，让台下的观众看得清楚些，这只是一张普通的白纸。然后，他将白纸一层一层地折叠起来，对着观众说："我能用水将这张白纸点燃。"

台下的观众立刻嘘声一片，表示不相信。表演者取出一个空水杯，在里面装满了水，然后将手中的那张白纸往水杯中轻轻一点，神奇的一幕出现了：这张白纸果然燃烧起来了。

水真的能点燃纸吗？你知道这不可思议的一幕是怎样发生的？

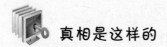

真相是这样的

其实，这个魔术并不神秘，无非是一种非常普通的化学反应所产生的一种现象，不明其中的缘由，当然会觉得很神秘，现在我们就来揭开这个神秘的面纱，一探究竟吧。

　　表演者手中拿的那张白纸事先已经粘上了一小块金属钠，因为金属钠是白色的，所以台下的观众并不能看清楚，以为只是一张普通的白纸。表演者之所以将白纸折上几层，目的是防止金属钠在空气中被氧化。

　　金属钠质地柔软，化学性质非常活泼，遇到水后会发生激烈的化学反应，生成氢氧化钠与氢气，同时发出大量的热，使纸的温度迅速升高，并马上达到燃点，同时放出氢气，在氢气燃烧时，纸也就被"点燃"了。其实，不但金属钠有这种性质，金属钾、锂等也有这种化学性质。

　　由于钠的化学性质极度活泼，钠在自然界没有单质形态，而是以盐的形式广泛分布在陆地和海洋中，它也是人体肌肉组织和神经组织中的重要成分之一。下面我们来看看金属钠到底有多活泼，它都能和哪些物质发生化学反应。

　　1. 金属钠与氧气进行化合反应。

$4Na + O_2 = 2Na_2O$（常温）

$2Na + O_2 = Na_2O_2$（加热或点燃）

　　2. 金属钠与水发生剧烈反应，如量大可发生爆炸。

$2Na + 2H_2O = 2NaOH + H_2 \uparrow$

$2Na + H_2O = Na_2O + H_2$（高温）

　　3. 金属钠与低元醇反应产生氢气，和酸性很弱的液

氨也能反应。

$$2Na + 2ROH = 2RONa + H_2 \uparrow \quad （ROH 表示低元醇）$$

由于钠的化学性质非常活泼，所以需要隔绝空气储存，通常将其浸放在液状石蜡、矿物油和苯系物中密封保存，如果量大需要储存在铁桶中并充氩气密封保存。需要注意的是，金属钠是不能保存在煤油中的，因为钠会与煤油中的有机酸等物质反应生成有机酸钠等物质。当保存在液状石蜡中时，空气中的氧气也会进入液状石蜡，与金属钠发生化学反应。

小博士课堂

　　钠对人体的正常生理机能起着非常重要的作用，在一般情况下，人体是不易缺乏钠的，但在某些特殊情况下，如禁食、少食，膳食钠限制过严而摄入非常低时，或在高温、重体力劳动、出汗过多、反复呕吐、腹泻，使钠过量排出而丢失时，人体就会出现不适。钠缺乏在早期症状并不十分明显，倦怠、淡漠、无神、甚至起立时昏倒，当失钠达到 $0.5g/kg$ 体重以上时，就会出现恶心、呕吐、血压下降、痉挛等。

　　钠缺乏会引起身体不适，同样钠摄入过多也不行，虽然正常情况下，钠摄入过多并不蓄积，但某些特殊情况除外，比如误将食盐当食糖加入婴儿奶粉中喂养，则可引起中毒甚至死亡。

不用电也能发光的灯泡

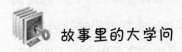

故事里的大学问

在一次趣味化学表演大会上，李炜一鸣惊人，因为他表演的一个节目格外引人注目。只见他拿着一根木杆，木杆上面挂着一只200瓦左右的电灯泡，灯泡发出十分耀眼的白光，一般的灯泡的亮度很难与它相提并论。

奇怪的是，这个灯泡并没有任何电线引入，因为它是一个不用电的灯泡，同学们看完李炜的表演，纷纷向他竖起了大拇指，并询问其中的奥秘在哪里。李炜却笑而不答。那么，你能帮同学们揭开这个谜底吗？

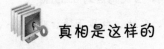

真相是这样的

原来，灯泡里装有镁条和浓硫酸，它们在灯泡内发

生激烈的化学反应，引起发热发光。浓硫酸就有非常强的氧化性，尤其是和一些金属相遇时，其氧化本领就非常明显。金属镁又是非常容易被氧化的物质，所以，两者碰到一起可谓是"天生一对"，立刻发生了脱水的化学反应：$Mg + 2H_2SO_4$（浓）$= MgSO_4 + SO_2 + 2H_2O$

在这个反应过程中释放出大量的热，导致灯泡内的温度急剧上升，从而使镁条达到燃点，在浓硫酸充分供氧的情况下，镁条燃烧得更加旺盛，比普通照明的灯泡还要亮。

镁是一种轻质有延展性的银白色金属，能与热水反应放出氢气，燃烧时能产生炫目的白光。镁与氟化物、氢氟酸和铬酸不发生作用，但极易溶解于有机和无机酸中，能直接与氮、硫和卤素等化合。下面我们就详细来说一说镁的化学性质。

1. 与水的反应。

$Mg + 2H_2O$（热水）$=\!\!= Mg（OH)_2 + H_2 \uparrow$

2. 与酸的反应。

$Mg + 2HCl =\!\!= MgCl_2 + H_2 \uparrow$

$Mg + H_2SO_4 =\!\!= MgSO_4 + H_2 \uparrow$

3. 与氧化物的反应。

$2Mg + CO_2$（点燃）$=\!\!= 2MgO + C$

4. 与非金属单质的反应。

$2Mg + O_2$ （点燃）$==2MgO$

$3Mg + N_2$ （点燃）$==Mg_3N_2$

$Mg + Cl_2$ （点燃）$==MgCl_2$

5. 与氯化铵反应。

$Mg + 2NH_4Cl == MgCl_2 + 2NH_3\uparrow + H_2\uparrow$

此外，镁还可以与碳酸氢盐、碱金属氢氧化物反应。

由此可见，镁的化学性质非常活跃。

 小博士课堂

镁还是我们身体里不可或缺的微量元素，中国营养学会建议，成年男性每天约需镁 350mg，成年女性约为 300mg，孕妇及哺乳期女性约为 450mg，2～3 岁儿童为 150mg，3～6 岁为 200mg。

如果身体里缺少镁，就会表现为情绪不安，易激动、手足抽搐、反射亢进等，正常情况下，因肾的调节作用，口服过量的镁一般不会发生镁中毒。但是肾功能不全者大量口服镁就可能引起镁中毒，表现为腹痛、腹泻、呕吐、烦渴、乏力，严重者出现呼吸困难、发绀、瞳孔散大等。

为什么黄金与白银不宜"同居"

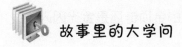

故事里的大学问

芳芳的妈妈因工作不便戴首饰，就把金项链与银戒指放在了一起，可是前不久，芳芳却发现妈妈的金项链上长出一块块"白斑"，多次擦拭也没有什么效果。奇怪的是，放在一起的银戒指却毫发无损，这让芳芳觉得很奇怪：金项链上的白斑到底是从哪里来的呢？

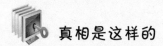

真相是这样的

首先，从金属的物理性质上论证黄金与白银是不能放在一起的。我们知道纯银的硬度比纯金软，金、银放在一起，纯银会附在纯金上，黄金饰物就会发白，白金的硬度大于黄金2~3倍，同样两者也不宜放在一起。

在化学中，会讲到金属的化学活性，金属的化学活性就是不同的金属与其他化合物发生化学反应的难易程度，其化学活动性排序是：钾、钙、钠、镁、铝、锌、铁、锡、铅、铜、汞、银、铂、金。排序越靠前的金属化学活动性越强，反之惰性越强。所以，金、铂、银等与氧化剂发生缓慢氧化的程度比起铜、铝、铁等要慢得多。所以天长日久，我们戴的金项链还是金光闪闪，银戒指还是银光闪闪。

其实，我们还需要明白一个化学原理——金属的置换反应原理，它指的是化学活性强的金属能够把含有化学活性比它弱的金属的化合物在离子状态下分离出来。举个简单的例子，如果拿一根红色的铜棒，放入硝酸银的溶液中，只需要几分钟，红色的铜棒上就会出现一层银附在铜棒上。也就是说，铜能把银的化合物中的银分离置换出来。

小博士课堂

有些小收藏爱好者喜欢收藏保存金属铸币，如果从化学性质方面的常识考虑，我们在收藏保存金属铸币时应注意什么呢？

1. 防止缓慢氧化，不宜将原封金属币上的保护油或者包装去掉。

2. 存放金属币的环境要干燥，宜选用中性干燥剂，如存放环境受潮或者酸碱性不平衡，就容易在金

属币表面产生"溶液环境"，使金属表面附着的无机盐化合物处于离子状态，更易腐蚀。

3. 存放金属币的温度不能太高，否则容易发生化学反应。

此外，不同材质的金属币不宜存放在一起，因为它们的化学活性不一样。

比金子还贵的帽子

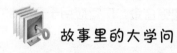 故事里的大学问

法国拿破仑三世非常爱慕虚荣，为了显示自己的阔绰富有，他命令一位大臣去做一顶比黄金还贵重的帽子。这位大臣实在想不明白世界上还有什么比黄金还贵重，于是，他去找拿破仑三世的心腹，希望他能提供帮助。拿破仑三世的心腹告诉他皇帝想做一顶用铝制成的帽子。

或许，你会觉得很可笑，铝怎么会比黄金还贵重呢？不过，在当时铝确实比黄金还贵重，你知道这是为什么吗？

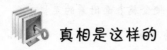 **真相是这样的**

这是因为当时生产技术不过关，为了制取铝这种金属，必须要用钠做还原剂，制成铝的成本比黄金还要高出好几倍。现在制取铝的技术已经非常高超，在我们的生活中也可以随处可见铝制品。

铝粉具有银白色光泽，常用来做涂料，俗称银粉、银漆，能够保护铁制品不被腐蚀。铝的延展性也很好，可制成铝箔，还可以制成各种铝合金，广泛应用于飞机、汽车、火车、船舶等制造工业。

首先，我们来说一说含铝化合物的应用。主要有钾明矾（氯化钾铝）、铵明矾（氯化铵铝），曾广泛用于食品工业上，氢氧化铝也作为治疗胃酸过多、胃溃疡等病的制酸剂、胃黏膜保护剂等，但是随着医学家发现铝与阿尔茨海默病（AD）有一定的关系，人们开始谈铝色变。

其实，铝制餐具在使用中确实会有微量铝离子溶入水中，但只要溶入水中的铝脆每立升水中含量不到一mg，是不会影响健康的。因为金属铝在空气中会形成一层坚韧的氧化铝薄膜，使食品无法接触到铝离子。

不仅如此，我们常吃的一些食品中也含有铝，如天然明

矾（氯化钾铝）和小苏打（碳酸氢钠）混合后加入面粉中，用于制作油条、焦圈、薄脆等，可使面食更加松脆适口。还有蛋糕，大部分蛋糕在制作时都会加入"泡打粉"（用明矾和小苏打及少量香料制成的），从而使蛋糕蓬松柔软。

此外，一些淀粉类食品，如粉条、粉皮、凉粉等在制作使也常加入明矾，经过明矾的絮凝作用，粉条、凉粉会变得筋道，在开水中不易被煮烂。

小博士课堂

有些人听说铝与阿尔茨海默病（AD）密切相关后，都不敢使用铝壶来烧水，其实这大可不必，有人曾做过研究，用铝壶烧水一年所摄入的铝还不及一根油条含有的铝多。

不过，需要提醒的是，铝制品表面虽有致密的保护膜，不易被氧化，但当有较活泼的元素（如卤素）的离子存在时，氧化膜就将这些离子吸附在表面，取代膜中氧形成新的化合物。

我们知道，食盐的成分是氯化钠，其中还含有少量氯化镁，在水中溶解后能电离生成氯离子，所以，它会破坏保护膜。氯化镁在溶解时会发生水解，使溶液呈酸性，使铝制品腐蚀得更快。所以，不能用铝制品来盛放含盐的蔬菜及食品。

神秘的铌与钽

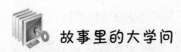

故事里的大学问

1802 年，瑞典化学家埃克伯格在分析斯堪的那维亚半岛的一种矿物时，使它们的酸生成氟化复盐后，进行再结晶，从而发现了钽。

1814 年贝采里乌斯判定它确是一种新元素，并赞同赋予它 "钽" 这个名字，原意是 "使人烦恼"，因为它不容易与铌分离，两者就像 "孪生兄弟" 一样，常常形影不离。

1824 年，铌钽的氧化物和盐类才开始研究，直到 1903 年，才采用金属钠还原氟钽酸盐得到纯金属钽，1929 年金属钽的生产才开始进入工业规模。

你知道金属铌和钽有哪些性质吗？它们的用途又有哪些呢？

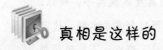

真相是这样的

铌和钽在元素周期表里是同族，物理、化学性质都

非常相似，常常形影不离，在自然界中伴生在一起，可以称得上是一对孪生兄弟。

铌、钽和钨、钼一样都是稀有高熔点金属，最主要的特点就是耐热，熔点分别高达 2400℃ 和将近 3000℃，一般的火势根本奈何不了它们，即使是炼钢炉里的火也无法伤它们的一分一毫。所以，钽常常用来制造 1600℃ 以上的真空加热炉。

在化学中，一种金属的优良性能往往可以"移植"到另一种金属里，如果用铌作合金元素添加到钢里，能使钢的高温强度增加，加工性能改善。铌、钽与钨、钼、钒、镍、钴等一系列金属合作，能得到"热强合金"，用作超音速喷气式飞机和火箭、导弹等的结构材料。

铌、钽本身很顽强，它们的碳化物更有能耐，用铌和钽的碳化物作基体制成的硬质合金，有很高的强度和抗压、耐磨、耐蚀本领。在所有硬质化合物中，碳化钽的硬度最高，用它制成的刀具，能抗得住 3800℃ 以下的高温，硬度可与金刚石匹敌，使用寿命比碳化钨更长。

在外科医疗上，钽也占有重要的地位，不仅可以用来制造医疗器械，还是很好的"生物适应性材料"，如用钽片弥补头盖骨的损伤，钽丝缝合神经和肌腱，钽条可以代替折断了的骨头和关节，钽丝制成的钽纱或钽网，可以用来补偿肌肉组织等。

那为什么钽能在外科手术中有如此奇特的作用呢？因为钽具有极好的抗蚀性，不会与人体里的各种液体物质发生作用，并且几乎完全不损伤生物的机体组织，对于任何杀菌方法都能适应，所以可以同有机组织长期结合而无害地留在体内。

小博士课堂

通过以上的讲解，我们知道铌、钽是耐热冠军、抗腐蚀英雄，但最令我们吃惊的是，它们还能在超低温的条件下表现出卓越的品质。

你知道什么是绝对零度吗？这相当于−273℃，绝对零度被认为是不能再低的低温了。人们很早就发现，当温度降低到接近绝对零度时，有些物质的化学性质就会发生突然改变，变成一种几乎没有电阻的"超导体"。

当然，超低温度是不容易得到的，人们为此付出了巨大的代价，越向绝对零度接近，需要付出的代价越大，所以对超导物质的要求应该是临界温度（物质处于临界状态时的温度）越高越好。

具有超导性能的元素不少，铌是其中临界温度最高的一种，而用铌制成的合金，临界温度高达绝对温

度 18.5℃到 21℃，是目前最重要的超导材料。

锡的故事

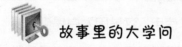

故事里的大学问

一百多年以前，俄国彼得堡的军装仓库，发生了一件奇怪的事情：军服上的锡纽扣，几天之间突然像得了传染病似的，全都布满了黑斑，而且黑斑不断扩大，没多久，所有的纽扣都变成了黑色的粉末。

"这是谁在捣鬼？"沙皇得知此事后非常生气，命令部下一定要找到凶手。不久，"凶手"被化学家们找到了，原来都是寒冷的天气造成的。那么，为什么寒冷的天气就会让纽扣变成粉末呢？

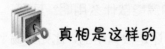

真相是这样的

这是因为这些军服上的纽扣都是用锡做的，锡非常怕冷，在常温下，白锡的晶体是稳定的，白锡是由一些四方晶系的锡晶体组成的，如温度下降得很低，锡晶体中的原子就会从四方晶系向立方晶系转化，并且体积变大，整块白锡就变成了粉末状的灰锡，人们常称锡的这种变化为"锡疫"。

"锡疫"的速度与温度息息相关，我们家里用的锡壶即使在零下几度的冬天照样使用，这是因为白锡到灰锡的转化很慢，我们用肉眼是很难观察到的。但当温度降到－40℃以下时，白锡到灰锡的转化就会很快，一块白锡能在很短的时间变成一堆灰粉。

此外，这种"锡疫"也是会"传染"的，如果把患有"锡疫"的锡器与"健康"的锡器放在一起，"健康"的锡器也会很快染上"锡疫"。因为少量灰锡就能大大加快白锡到灰锡的转变过程。

锡不仅怕冷，还很怕热，当温度上升到 160℃ 以上时，白锡就会转变成斜方晶系的菱形锡，菱形锡很脆，所以又称为"脆锡"。

那么，这种怕冷又怕热的锡能做什么用呢？其实，它在日常生活和工农业生产中还是很有用的，比如，锡被人们称为"制造罐头"的金属。现在世界上每年生产的锡，有近一半是用来制造马口铁片，而马口铁片最大的用途是制造罐头。

在常温下，锡富有延展性，尤其是在 100℃ 时，它的延展性非常好，可以制成极薄的锡箔。平常人们用锡箔包装香烟、糖果，以防受潮。

当然，锡对人类历史有直接的影响主要是因为青铜，当铜与约 5% 的锡铸成合金，它就会产生青铜，不仅会使熔点变低，也能使其更易于加工，但生产出来的金属会更坚硬。

此外，锡还有一种重要的用途是用来制造镀锡铁皮，既能防腐蚀，又能防毒，这是因为锡的化学性质十分稳定，不和水、各种酸类和碱类发生化学反应。

 小博士课堂

　　每年近一半的锡用来制造罐头，可是，你知道是谁发明了这种方法吗？

　　罐头的出现已经有近 200 年的历史了，在 18 世纪末和 19 世纪初，法国的拿破仑军队在对外侵略当中，军队的食物供给成了大问题。于是，拿破仑悬赏征求一种能够保藏鱼、肉和蔬菜的方法，以方便军队携带。

　　法国一名叫尼古拉·阿柏脱的青年想出了一个好办法，他将食物加热后封存在密封的玻璃瓶中，这样就可以久存不坏，即罐头。可由于玻璃易碎，不便于携带，不久就出现了用铁片做的罐头，而铁片又容易生锈，最后就出现了用马口铁（又名镀锡铁）做的罐头。

住在绿宝石里的金属——铍

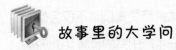

故事里的大学问

有一种翠绿晶莹的宝石叫绿柱石，在过去，它只是贵族玩赏的宝物。这倒不是因为它漂亮的外表，而是因为它里面含有一种珍贵的稀有金属——铍。

在过去近 30 年的时间里，以前，人们用金属钙和钾还原氧化铍和氯化铍，遗憾的是，人们无法得到纯度较高的金属铍。又过了近 70 年，人们才对铍进行小规模的加工生产。近 30 年来，铍的产量逐年激增，现在人们每年都能生产好几百吨的铍。

那么，为什么铍的发现时间很早，却在工业上应用得如此晚呢？

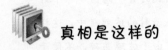

真相是这样的

这是因为要从铍矿石中把铍提纯出来非常困难，而

且铍非常爱"干净"，铍中只要含有一点杂质，就会使它的性能发生很大的变化。

如今，人们已经能够采用现代科学方法生产出纯度很高的金属铍，对它的性能也十分清楚了，它的比重比铝轻三分之一；强度跟钢差不多，传热是钢的三倍，是良好的导体；透 X 射线的能力最强，有"金属玻璃"之称。因为铍有如此多的优点，故人们称之为"轻金属中的钢"。

1. 制造铍青铜。

铜中加进一些铍后，铜的性能就发生了惊人的变化，硬度加强，弹性极好，抗蚀本领很高，而且还有很强的导电能力。用铍青铜制成的弹簧，可以压缩几亿次以上。

含镍的铍青铜还有一个可贵的特点——受到撞击的时候不会产生火花。这对炸药厂很有用，另外，含镍的铍青铜也不会被磁铁所吸引，不受磁场磁化，所以又是制造防磁零件的好材料。

2. 用在航空领域。

随着航空工业的发展，要求飞机飞得更快、更高、更远。重量轻、强度大的铍在航空领域也发挥着重要的作用。有些铍合金是制造飞机的方向舵、机翼箱和喷气发动机金属构件的好材料。

现代化战斗机上的许多构件改用铍制造后，因重量减轻，装配部分减少，使飞机的行动更加迅速灵活。比如超音速战斗机——铍飞机，飞行速度可达每小时四千公里，相当于声速的三倍多。

3. 医治"职业病"。

人在工作一段时间后会感到疲劳，这是正常的生理现象，你知道吗？很多金属和合金也会"疲劳"，不同的是，人们休息一会儿之后，疲劳就会自动消失，人们又可以继续工作，但金属和合金就不行了，它们疲劳过度后，用它们造的东西就不能再用了。

后来，科学家已找到了医治这种"职业病"的"灵丹妙药"——铍，如果在钢中加入少量的铍，把它制成小汽车用的弹簧，可以经受 1400 万次冲击，也不会出现疲劳的痕迹。

小博士课堂

我们平时吃的食物中很多是带有甜味的食物，可是，你知道吗？金属也是有甜味的。原来，有些金属的化合物是带有甜味的，于是人们就把这种金属叫做"甜味金属"，铍就是其中之一。

不过，千万不能让铍接触到皮肤，因为它是有毒

的，每一立方米的空气中只要有一毫克铍的粉尘，就会使人染上急性肺炎——铍肺病。

与铍相比，铍的化合物毒性更大，铍的化合物会在动物的组织和血浆中形成可溶性的胶状物质，进而与血红蛋白发生化学反应，生成一种新的物质，使组织器官发生病变，在肺和骨骼中的铍，还可能引发癌症。

大自然的惩罚

 故事里的大学问

20世纪30年代，在日本一个偏僻的小镇里，发生了一件令人不可思议的事情。先后有10多人得了精神病，这些人精神错乱，行为反常，时而大哭，时而大笑，四肢僵硬……这一事件引起了当地人的恐慌，也惊动了当地政府与有关医疗部门。

后来，经过调查发现，在这些疯子的身体和血液里所含有的金属锰离子的含量比一般人要高得多，正是这些锰离子使这些人中毒并发了疯。过多的锰离子进入人体，初期会让人头痛、脑昏、四肢沉重无力、行动不便、记忆力下降，继而发展成四肢僵死、精神反常，时而哭泣，时而大笑，疯疯癫癫。那么，过多的锰离子是从哪里来的呢？

原来，这个镇上的人们常把使用过的废旧干电池扔到水井旁的垃圾坑里，时间久了，电池中的二氧化锰在二氧化碳和水的作用下，就变成了可溶性的碳酸氢锰，进入到了井水里，人们喝了含有大量锰离子的水就导致了锰中毒。

那么，你知道金属与人类有着怎样密切的关系吗？

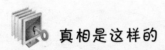 **真相是这样的**

的确，金属与人类的生活息息相关，有些金属在人体结构和机能中发挥着非常重要的作用，一旦缺乏就可能引发疾病，比如，钠、镁、钙、钾是人体功能必需的常量营养金属；锌、硒、铁、锰、铜等是人体功能所必需的微量营养金属。

不过，有些金属进入人体后也会产生一定的毒副作用，有毒的金属即使在人体内少量存在，也会对正常的代谢作用产生明显的毒性作用。值得提醒的是，无论是

哪种金属，如果摄取过量的话，都会导致中毒。比如，在本文故事中讲到的锰中毒。

除此之外，硒在有毒量和不足量之间的界限也非常小，人体的适应能力也有一定的限度。如超过人体正常的生理调节的限度，就可能引起病理性变化，重金属污染就是造成这种病理性变化的因素之一。

通常重金属是指比重大于 5、原子量大于 55 的金属，主要是指汞、镉、铅、铬及类金属砷。它们一旦通过饮水、饮食、呼吸或者直接接触进入人体，就会危害人体健康。因为重金属是无法进行代谢，排出体外的，它们会积存在大脑、肾脏等器官中，一旦超标，就有可能诱发癌症。以下是常见的重金属危害，让我们一起来了解一下。

砷：会使皮肤色素沉着，造成异常角质化。

镉：导致高血压，引起心脑血管疾病；破坏骨钙，引起肾功能失调。

汞：对大脑视力神经破坏极大，每升水中含 0.01 毫克，就会使人中毒。

铬：会造成四肢麻木，精神异常。

钴：能对皮肤造成放射性损伤。

钒：伤人的心、肺，导致胆固醇代谢异常。

铅：重金属污染中毒性较大的一种，进入人体后很难排除，直接伤害脑细胞。

锰：超量时会使人甲状腺功能亢进。

锡：入腹后凝固成块，严重时可致人死亡。

铁：铁过量时会损伤细胞的基本成分，如脂肪酸、蛋白质、核酸等；导致其他微量元素失衡，尤其是钙、镁的需求量。

锌：锌过量时会得锌热病。

锑：与砷相似，能使银首饰变成砖红色，对皮肤有放射性损伤。

铊：会使人患多发性神经炎。

小博士课堂

人体中存在量小于体重 0.01％的元素称微量元素，种类较多，人体必需的微量元素有 14 种，虽然它们在人体内的含量很少，但其生理作用却是不可忽视的，微量元素又分为必需微量元素和非必需微量元素。下面我们来看一下人体所需的微量元素。

锌：是 70 多种酶代谢的必需物质。

铁：参与氧的运转、交换及组织呼吸。

铜：与铁相互作用形成胶原蛋白，增强血管弹性。

锰：是过氧化物和焦葡萄酸盐羟基酶的组分，参
与糖代谢。

铬：加强胰岛素对糖和脂类的作用。

钴：是维生素 B_{12} 的成分并参与造血。

镍：脂尿素酶组分，促进铁的吸收，刺激造血。

锡：是催化、氧化剂，有益于维持蛋白质、核酸
等的三维结构。

钼：是亚硫酸盐、黄嘌呤、醛等氧化酶的成分。

碘：甲状腺的主要成分。

钒：控制 ATP 酶和磷转化酶及钠泵。

硅：维持结缔组织和骨质的正常组织和结构。

硒：是谷胱甘肽过氧化物酶的组分。

氟：维持牙齿及骨结构，抑制稀醇酶焦磷酶等。

爱财如命的守财奴

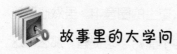

故事里的大学问

在北宋年间的山东，曾有这样一位张员外：他家世
显赫，家中堆积了许多银子，却极其吝啬。于是，旁人
都称他"守财奴"。

一天，有位道士来到张员外的府上，自称习得"化银为金"之术，因张员外祖上行善积德，因而来到此处为张员外献宝。只见道士从衣袖中取出一锭银子，将其投入炭盆中，嘴中念念有词。几个时辰后，炭盆的焰火熄灭了，只剩灰烬。道士用工具探入灰烬之中，居然取出一块黄澄澄的金子。

贪财的张员外毫不犹豫地将家中的银子全部交给道士，请求为其炼制成黄金。第二天，张员外却发现道士骗走了自己所有的银子，消失得无影无踪了。

那么，你是否明白这"银子"是如何变成"金子"的呢？世上真有"点金之术"吗？

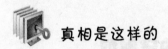 **真相是这样的**

张员外是因为贪才会落入道士的圈套中。虽然他不值得同情，但道士的欺骗手段也不值得学习提倡。那么，这位道士究竟用了什么"法术"，令"银子"变"金子"呢？其实，道士所用的"障眼法"与化学元素"汞"有关。

汞是一种化学元素，是常温下唯一呈液态的金属。汞是银白色闪亮的重质液体，化学性质稳定，不溶于酸

也不溶于碱，俗称水银。汞在常温下即可蒸发，很容易与几乎所有的普通金属形成合金，包括金与银，但不包括铁，所以，可以用钢罐盛水银，这些合金统称为汞合金（或汞齐）。

在这个故事中，道士诈骗张员外的钱财就是充分利用了汞的特殊性质，他先将金块溶解于汞中，形成金汞合金来冒充白银，等到由金汞合金制成的白银在炭盆中受热，常温下蒸发后就留下了金灿灿的黄金了。

汞能与很多金属结合成合金，当汞与铝的纯金属接触时，它们易于形成铝汞合金，因铝汞合金可以破坏防止继续氧化金属铝的氧化层，所以即使少量的汞也能严重腐蚀金属铝。因此，绝大多数情况下，汞不能被带上飞机，因为它很容易与飞机上暴露的铝质部件形成合金而造成危险。

小博士课堂

从古至今，由于汞的特性，它被广泛应用。最被我们熟知的是，水银被用来制作温度计。那再让我们看看还有哪些地方留下了它的足迹吧。

在我国古文献中有这样的记载：在秦始皇的墓中有大量的水银灌入，象征"百川江河"。而在这之前，一些王侯的墓葬中也灌输了水银，比如在今山东临淄县的齐桓公墓，就是倾水银为池。

由于银、锡和水银组成的银锡汞齐能很快变硬，因此，在古代人们常用它来补牙。如果你见过古建筑上的鎏金玻璃瓦，或者古寺庙中的"金身"菩萨，是否知道这是如何做成的呢？其实，它就是利用金汞齐"镀"的。

神秘的水妖湖

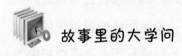 故事里的大学问

在苏联卡顿山区曾经发现过一个神奇的湖泊。那里风光秀丽，湖水明亮如镜，湖面还会不断冒出微蓝色的蒸气，如临仙境。可当地人却发现一件奇怪的事情：怎么只见有人去，不见有人归！于是，湖中有妖怪专门杀害游人的传说就这样传开了。

很多年以后，卡顿山区来了一位画家，听说了水妖湖的故事，他非常好奇，想冒险一游，再即兴创作出一幅好画。数天后，画家一大早就出发，到了目的地，尽管这里满山寸草不长，但风景绮丽。

画家立即拿出画板进行绘画，全神贯注地一连画了几个小时，初稿刚画好，他突然感到一阵恶心、头晕、呼吸急促，他匆匆拿了画稿，飞也似的离开了那里。回家后，他生了一场大病，差一点丢掉了性命。

那么，这个神秘湖泊里真的有妖怪吗？如果没有，又是什么让人们对它望而却步呢？

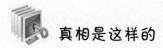

真相是这样的

这位画家有一位朋友是地质学家。他拜访画家时，留意到了画家所画的红石头。有一天，这位地质学家用显微镜观察硫化汞矿石，忽然他联想到画家的那幅红石头画。于是，他有了大胆的猜想：

那画中的红石头也许就是硫化汞矿石？那银白色的湖水也许就是硫化汞分解出来的金属汞（水银）？那蓝色的微光也许就是汞蒸气的光芒？

如果是这样，水妖湖的谜底就能被破解了。于是，这位地质学家决定去证明自己的推断。他带着助手和防毒面具来到水妖湖，对其进行实地勘查。

最终，经过采样分析，水妖湖之谜终于被揭开了。

原来，有一个巨大的硫化汞矿就藏在卡顿深山里。日久天长，硫化汞已经分解成几千吨的金属汞，而且汇集成所谓的"水妖湖"。

那些游人在湖上莫名其妙地死去，并不是水妖在作怪，而是水银湖上散发着高浓度的水银蒸气将游人毒死了。

小博士课堂

我们知道温度计内装有一条水银柱。那么如果温度计被打破，水银洒出来，对我们人体有没有危害呢？一般来说，只要不碰它，尤其是人体有伤口的地方不碰触它，并且也不要误食，就不会有问题。

如果不小心打碎了水银温度计，我们该怎么处理呢？若水银滴落在土质地面，可以铲走一部分土层，或者把土挖一下，翻过来掩埋住水银就可以了。

若水银滴落在瓷砖地、水泥地等硬质地面，可以这样做：用适量水调和面粉做成面团，然后按在水银上面，将水银粘走即可。

最好不要使用家用真空吸尘器，也不要使用拖把、扫帚清理，更不要扫到下水道。当然，一定要记得开窗通风，避免吸入水银蒸气。

能杀菌的金属——银

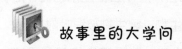

故事里的大学问

银，自古以来就是财富的象征。而古人说，身带银，健康和富贵常相伴。看来银不但是贵重金属，也和人体健康息息相关。

在古时候，我国蒙古族牧民们就发现，把马奶放在普通碗里，几天以后就发臭变质，然而将马奶盛放在银碗里却能较长时间不变质。

人们还发现，用银碗盛水或将一把银匙放在盛水的碗里，即使经过数月，水也不会变质。尤其是当人们外出，常因口干而可能会"渴不泽饮"时，只要在水中浸入银首饰或银器，并且不断搅拌，水就可以饮用了。

再看看两千多年前的古埃及人：他们在那时就知道将银片覆盖在伤口上，可以防止感染，而且伤口也好得快。

你知道这是为什么吗？

111

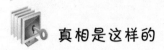 **真相是这样的**

这是因为银可杀菌,那么,为什么银能杀菌呢?这是因为银可吸附液体中的微生物。微生物被银吸附之后,起呼吸作用的酶就失去了功效,继而微生物就会迅速死亡。

美国一名科学家曾经做过这样的试验:将 4.5 升污水(每毫升含大肠杆菌七千多个)经过 3 小时的银电极处理以后,所有大肠杆菌全部死亡。可见,银离子的杀菌能力是非常强大的。每升水中只要含亿万分之二毫克的银离子,就可杀死水中大部分细菌。

实验证明:伤寒菌在银片上只能活 18 个小时,而白喉菌在银片上只能活 3 天。正是基于银的超强杀菌能力,而且又对人畜没有伤害,所以目前世界上超过半数的航空公司已经使用银制的滤水器。

许多国家的游泳池也用银来净化,这样净化过的水不会像用化学药品净化的水那般,伤害游泳者的眼睛及皮肤,又能使卫生达标,岂不是两全其美吗?

在民间,流传着银器能验毒的说法。宋代著名法医学家宋慈的《洗冤集录》中也记载着用银针验尸的事。

时至今日，依然有人用银筷子来检测食物中是否有毒，那么银器真可验毒吗？

古人所指的毒，主要是指"砒霜"，也就是三氧化二砷。因古代的生产技术落后，导致砒霜里都伴有少量的硫和硫化物。而其中所含的硫与银一旦接触，就会起化学反应，使银针的表层形成一层黑色"硫化银"。

现代生产砒霜的技术可要比古代进步许多，提炼也很纯净，不再混有硫和硫化物。而银的金属化学性质很稳定，在通常的条件下是不会与砒霜起化学反应的。

由此可见，古人用银器验毒是受历史、科学限制的缘故，比如鸡蛋黄，其实并不含毒，却含许多硫，那么银针插进去也会变黑。

相反，有一些毒性很强的物品，却不含硫，如亚硝酸盐、毒鼠药、农药、氰化物等，银针与其接触，也不会显现黑色反应。

因此，银针验毒有局限性，不能将其用于鉴别毒物，也不能用来作为验毒的工具。

小博士课堂

很早以前，人们就认识到银具有杀菌的作用，所以在以前很长一段时间内，银都被用来治病。1700

年，银仍继续被用于治疗癫痫，呼吸系统疾病等病症，甚至曾被用于包扎伤口，因为当时人们相信这是抗菌和防腐措施。

但在18世纪初，医生们意识到银会导致中毒的发生。银中毒的人，首先患者的眼白开始变灰，随后是牙床，最后是全身的皮肤都会变成蓝色。

镜子与水银

 故事里的大学问

早在三千多年前，我们的祖先就开始使用青铜镜了，将青铜铸成圆盘打磨得平整光洁，这样青铜镜虽然能照出人影，但不明亮，而且还会生锈，需要经常磨光。

现在使用的镜子不仅光亮，而且不会生锈，能把人照得清清楚楚。还有有趣的哈哈镜，往哈哈镜前一站，镜子里的像就变成了滑稽的模样。那么，你知道现在我们使用的镜子与古代使用的镜子区别在哪里吗？现在的镜子为什么会亮晶晶呢？

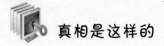

真相是这样的

古人使用的是青铜镜，现代人使用的是玻璃镜子，玻璃镜子的发展也经过了一个漫长的过程。在三百多年前，玻璃镜子问世了，制作方法是这样的：先将锡箔贴在玻璃面上，然后倒上水银，水银是液态金属，能够溶解锡，变成黏稠的银白色液体，紧紧贴在玻璃板上，这样玻璃背面就形成了镜子。玻璃镜子就比青铜镜进步了一大步，深受人们的喜欢。

不过，涂水银的镜子反射光线的能力还不够强，制作时又要防止水银中毒，最终被淘汰。现在的镜子背面是薄薄的一层银，这层银是靠化学上的"银镜反应"涂上去的。在硝酸银的氨水溶液里加入葡萄糖水，葡萄糖将银离子还原成银微粒，沉积在玻璃上做成银镜，最后再刷上一层漆就可以了。

不过，现在镜子背面涂上一层银的技术也落后了，不少厂商在镜子背面镀上铝，铝比银要便宜得多，制作铝镜是在真空中使铝蒸发，铝蒸气凝结在玻璃面上，成为一层薄薄的铝膜，就能形成镜子了。

常用温度计采用的液体是水银、酒精、煤油，而体温表采用的是水银，你知道这是为什么吗？

体温表和一般温度计相比，有两个特殊要求：一是要能准确到 0.1 摄氏度，二是要能离开人体读数。所以，体温表在构造上有一段非常细的缩口，同时还必须使用水银，这是因为水银的内聚力大，不浸润玻璃，能在收缩时在缩口处断开，以实现离开人体读数的要求。

此外，水银密度大、比同体积的酒精或煤油的惯性大，又保证它能在使用前被甩回到玻璃泡内重新使用。

第四章
变身的酸、碱、盐

白糖变脸

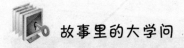 故事里的大学问

化学课上，化学老师拿出一小袋白糖，大家对白糖都不陌生，它是一种经常食用的物质，呈白色的小颗粒状，像雪花一样。就在大家奇怪老师为什么带白糖到教室里来时，老师开口说话了："你们相信吗？我能将这些白糖变成'黑雪'。"

只见老师拿出一个 200 毫升的烧杯，在里面投入 5 克左右的白糖，之后又滴入几滴经加热的浓硫酸，顿时白糖就变成了一堆蓬松的"黑雪"，在嗤嗤地发热和冒气声中，"黑雪"的体积逐渐增大，甚至溢出了烧杯。

你知道白糖为什么会在转瞬之间变成"黑雪"吗？

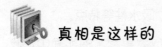 **真相是这样的**

这是因为白糖与浓硫酸发生了"脱水"的化学反应，浓硫酸有一个特别的喜好——与水结合的欲望非常强烈，它会充分利用空气中的水分，当然它也不会放过其他物质中的水分，只要一相遇，它就会夺走其他物质中的水分。

白糖是一种糖水化合物（$C_{12}H_{22}O_{11}$），当它遇到浓硫酸时，白糖分子中的水就会立刻被夺走，最后白糖就只剩下炭了，自然就成了黑色。不过，化学反应到此并没有结束，浓硫酸还会继续施展它的本领——氧化，它又把白糖中剩下来的炭的一部分氧化了，生成二氧化碳、二氧化硫，释放出来：$C + 2H_2SO_4 \!=\!= 2H_2O + 2SO_2 + CO_2$

由于二氧化碳、二氧化硫被释放了出来，所以，体积就会变得越来越大，最后将白糖变成了蓬松的"黑雪"。至于为什么会有嘶嘶的响声，那是因为浓硫酸在夺水的过程中会发热。

下面我们来详细介绍一下浓硫酸：浓硫酸俗称坏水，是指浓度大于或等于70%的硫酸溶液。浓硫酸与普通硫酸最大的区别在于它具有强氧化性、酸性，同时还具有脱水性、强腐蚀性、难挥发性、吸水性等特点。

浓硫酸的脱水性在白糖变成"黑雪"的实验中，我们已经做了详细的叙述，下面我们来说一说浓硫酸的其他特性。

1. 强氧化性、酸性。

（1）常温下，浓硫酸能使铁、铝等金属钝化，主要原因是硫酸分子与这些金属原子化合，生成氧化物薄膜，防止氢离子或硫酸分子继续与金属反应。

$$Cu + 2H_2SO_4（浓）（加热）\!=\!=\!=\! CuSO_4 + SO_2\uparrow + 2H_2O$$

$$2Fe + 6H_2SO_4（浓）（加热）\!=\!=\!=\! Fe_2（SO_4）_3 + 3SO_2\uparrow + 6H_2O$$

（2）加热时，浓硫酸可以与除铱、钌之外的所有金属反应，生成高价金属硫酸盐，本身一般被还原成 SO_2。

在上述反应中，硫酸表现出了强氧化性和酸性。

2. 强腐蚀性。

浓硫酸具有很强的腐蚀性，如不小心溅到皮肤上，应立即用大量清水进行冲洗，尽量减少浓硫酸在皮肤上停留的时间，严重的需要立即送往医院。

3. 吸水性。

将一瓶浓硫酸敞口放在空气中，质量就会增加，密

度将减小，浓度降低，体积变大，这是因为浓硫酸具有吸水性，能吸附空气中的水分。

小博士课堂

在上一部分，我们提到脱水反应，那什么是脱水反应呢？

脱水反应是指有水分子析出的反应过程，但通常不包括由水合晶体或其他水合物中脱除水分子的过程，脱水可在加热或催化剂作用下进行，也可以在与脱水剂反应下进行；可以发生在化合物分子内部，即分子内脱水，也可以发生在同一化合物的两个分子之间，即分子间脱水。

明矾的净水本领

故事里的大学问

一天，小明在电视中看到，在甘肃省一些缺水的地方，农民从井中打上来的水非常浑浊，根本无法饮用，只见一农民伯伯取出几个块状东西，然后将其研成细末，撒在水缸里，不一会儿，缸里的水就变得清澈透底了。

小明感到十分奇怪，问爸爸："农民伯伯放在水里的是什么东西啊？"爸爸告诉他是明矾，可是小明还是有些搞不明白：明矾为什么能够净水呢？

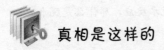

真相是这样的

自然界中的天然水因含有许多可溶性和不溶性杂质，常呈现出浑浊的状态，不能直接饮用，用明矾可以除去悬浮在水中的不溶性杂质，这是自来水厂净水流程中不可缺少的基本环节，在农村，农民也用这个方法来净水。那么，明矾是如何实现净水的呢？

首先，我们来说一说水中的杂质，水中的杂质多是泥土和灰尘，因重量很轻，所以不容易沉淀下去，浮在水面上，使水变浑浊。另外，这些微小的粒子喜欢从水中把某种离子拉到身边来，或自己电离出一些离子，使自己变成带有电荷的粒子，这些带电荷的粒子都带有负电荷，所以这些都带负电荷的粒子互相排斥而无法靠到一起，就无法结成较大的粒子沉淀下来。

明矾的化学名称是十二水合硫酸铝钾，分子式为

KAl（SO₄）₂·12H₂O，它的作用是将彼此不靠近的粒子聚合在一起。明矾一遇到水，就会发生水解反应，在这种反应中，硫酸钾只是个配角，硫酸铝才是个主角。硫酸铝和水作用后会生成白色絮状的沉淀物——氢氧化铝。氢氧化铝带有正电荷，一碰到带有负电荷的颗粒，就会使很多粒子聚集在一起，粒子越来越大，最终就沉到了水底。

明矾净水是过去民间经常采用的方法，它的原理是明矾在水中可以电离出两种金属离子。不过，长期饮用明矾净化的水，可能会引起老年性痴呆症，现在已不主张用明矾作净水剂了。

明矾除了做净水剂外，还可以用作灭火剂和膨化剂。

泡沫灭火器内盛有约 1mol/L 的明矾溶液和约 1mol/L 的 NaHCO₃（小苏打）溶液，两种溶液的体积比约为 11：2。明矾过量是为了使灭火器内的小苏打充分反应，释放出足量二氧化碳，以达到灭火的目的。

炸油条或做膨化食品时，如果在面粉里加入小苏打后，再加入明矾，能加快二氧化碳的产生，大大加快膨化的速度，这样就可以使油条在热油锅里立刻鼓起来，油条吃起来也更加香脆可口了。

魔术猴变蛇

故事里的大学问

　　一次化学课上，曾老师信步走上讲台，他告诉学生们，在上课之前，他要先变一个魔术。之间他右手拿着一个洁白如玉的工艺品小猴，左手拿着一根二尺多长的细玻璃棒，让观众看过之后，把猴子放在表演台上。接着又用玻璃棒的一端轻轻点了一下猴子的脑袋，神奇的一刻出现了：顿时，小猴升烟起火，变成了一条蜿蜒的淡黄色长"蛇"，冲天而竖。

　　台下的同学们看得目瞪口呆，大赞曾老师的表演精彩。那么，你知道曾老师在表演的时候运用了哪些诀窍吗？你能否用学过的化学知识解答一下呢？

真相是这样的

　　其实，这个小猴子是经过处理的，是用一种叫作硫

氰化汞的材料做成的，其方法是：取适量的硫氰化汞，少许的水，微量胶水，再加上一些蔗糖和硝酸钾，把这些物质黏聚后，做成小猴，晾干后即可表演。表演前，在小猴子的头部钻一个小洞，然后滴入几滴酒精。

玻璃棒的一端也进行了处理，先蘸上一些浓硫酸和高锰酸钾的混合液，因高锰酸钾具有氧化性，与浓硫酸混合后，就会剧烈氧化燃烧。所以，只要轻轻地点一下小猴子的头部，酒精就会燃烧起来，紧接着整个小猴子开始燃烧，因为小猴子的身体里含有硝酸钾，受热后就会放出氧气，所以燃烧得非常猛烈。再加上硫氰化汞受热时膨胀，一条弯曲的淡黄色长"蛇"就形成了。

经过这样的讲述，你是不是觉得这个魔术其实也没有什么神奇的呢？

平常你喝茶吗？龙井、玉观音、菊花茶，每种茶水的颜色都是不同的，但没有一种茶水是黑色的，不过，我们却能让茶水变成墨水。

先准备好两杯茶，其中一杯放入绿矾，茶水里含有单宁酸，与绿矾能发生化学反应，生成一种叫单宁酸铁的蓝黑色物质，所以，茶水在眨眼的工夫后变成了"墨水"。

冰块也能燃烧

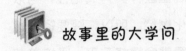 故事里的大学问

玻璃棒能点燃冰块吗？你一定以为不可能，不过，这可是真事。冰块可以燃烧令人惊奇，更令人惊奇的是不用火柴和打火机，只用玻璃棒轻轻一点，冰块就能立刻燃烧起来，而且火焰不熄。

如果不信，你可以做个实验试一试：在一个小碟子里倒上1~2小粒高锰酸钾，将其研成粉末，然后滴上几滴浓硫酸，用玻璃棒搅拌均匀，蘸有这种混合物的玻璃棒就如同一只看不见的小火把，它可以点燃酒精灯，也可以点燃冰块。在冰块上放上一小块电石，然后用玻璃棒轻轻在冰块上一点，冰块马上就会燃烧起来。

那么，你知道这是为什么吗？

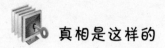 **真相是这样的**

在解释这一问题之前，我们先来了解一下电石，电石的化学名称为碳化钙，化学式为 CaC_2，遇水会立即发生激烈反应，生成乙炔，并放出热量。当电石接触到冰面上少量的水后会立刻发生反应：

$$CaC + H_2O = Ca(OH)_2 + C_2H_2$$

这种反应所生成的电石气（化学名称为乙炔）是易燃气体。

由于浓硫酸和高锰酸钾都是强氧化剂，它们足以把乙炔氧化并且立刻达到燃点，使乙炔燃烧。此外，因水与碳化钙反应是放热反应，加上乙炔的燃烧放热，使冰块熔化成的水越来越多，所以碳化钙反应也越加迅速，乙炔产生的热也越来越多，火就越烧越旺，冰块也就燃烧起来了。

需要说明的一点是，碳化钙干燥时并不会自燃，只有遇到水或者湿气，才能迅速产生高度易燃的乙炔气体，在空气中达到一定浓度时，就会发生爆炸。碳化钙是重要的化工原料，主要用于产生乙炔气，也用于有机合成、氧炔焊接等。

冰块可以燃烧，手帕也可以不怕火烧。有兴趣的
同学可以尝试做这样一个实验：

将棉手帕放入用酒精与水以 1：1 配成的溶液里
浸透，然后轻挤，用两只坩埚钳分别夹住手帕两角，
放到火上点燃，等到火焰减小时，迅速摇动手帕，熄
灭火焰，你会发现手帕依旧完好如初。

这是因为燃烧时，酒精的火焰在水层外，吸附在
纤维空隙里的水分吸收燃烧热而蒸发，手帕上的温度
无法达到纤维的燃点，手帕当然就烧不坏了。

玻尔巧藏诺贝尔金质奖章

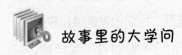

玻尔是丹麦著名的物理学家，曾获得过诺贝尔奖。
第二次世界大战期间，玻尔被迫离开祖国，为了表示自
己一定要重返祖国的决心，他决定将诺贝尔金质奖章溶
解在一种溶液中，装在玻璃瓶中，然后将它放在柜面上。

玻尔的这个方法果然奏效，当纳粹分子闯进玻尔的家中进行搜查时，那瓶溶有奖章的溶液就在眼皮子底下，他们却没有发现。战争结束后，玻尔又从溶液中还原提取出了金子，将其重新铸成奖章。那么，你知道玻尔是用什么溶液将金质奖章溶解掉的吗？

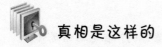

真相是这样的

俗话说，真金不怕火炼。意思是说，金子的化学性质十分稳定，即使在 1000℃ 的高温下也不会被氧化，不容易与其他物质发生化学反应。那么，玻尔是用什么方法将金质奖章溶解的呢？

原来，玻尔用的溶液叫王水，王水是浓硝酸和浓盐酸按照 1:3 的体积比配制成的混合溶液。王水又称"王酸""硝基盐酸"，是一种腐蚀性非常强、冒黄色烟的液体，它是少数几种能够溶解金的物质之一。

由于王水中含有硝酸，氯气和氯化亚硝酰等一系列强氧化剂，同时还含有高浓度的氯离子。所以，王水的氧化能力比硝酸强，不溶于硝酸的金，却可以溶解在王水中。由于金和铂能溶解于王水中，所以，人们的金铂首饰（黄金）在被首饰加工商加工清洗时，一定要注意，因为一些黑心加工商会在里面加入王水，骗取部分金铂，损害消费者的利益。之后，黑心加工商会通过置换反应，将金铂还原出来。

你看过电影《黄金大劫案》吗？在电影结尾部分，主角"小东北"拉着一油罐车的王水去闯银行、溶黄金，最后成功挫败日军阴谋。其实，这是非常不合理的。

我们知道王水是一种浓酸，既然能把性质稳定的金子都溶解掉，用铁皮做的油罐车又怎么逃过被溶解的命运？这是其一。

其二，王水是按照浓硝酸和浓盐酸1：3的比例混合的，非常不稳定，会释放出大量的氯气，需要现配现用，不能运输，不能储存，没有成品，如果真的配了一油罐车的王水去溶解黄金，周围的人肯定已经先被氯气给毒死了。

"水下花园" 奇观

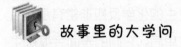

故事里的大学问

在学校组织的中秋晚会上，一位同学表演了一个精彩的小节目——"水下花园"。这位同学在大家的注视下，拿出一个盛满无色透明水溶液的玻璃缸，然后向里面投入了几颗米粒大小的不同颜色的小块块。

不一会儿的工夫，在玻璃缸中竟出现了各种各样的"枝条"，纵横交错地生长着，绿色的"叶子"越来越茂盛，"花儿"鲜艳夺目！一座五彩缤纷的"水下花园"展现在观众的面前。顿时掌声四起，大家为这位同学的精彩表演喝彩。可是大家都有一个疑问：这座"水下花园"是如何建造起来的呢？

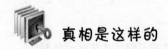

真相是这样的

原来玻璃缸中盛放的无色透明的液体并不是水，而是一种叫作硅酸钠的水溶液，俗称水玻璃。这位同学投入的各种颜色的小颗粒，是几种能溶解于水的有色盐类的小晶体，它们是蓝色的硫酸铜、红棕色的硫酸铁、淡绿色的硫酸亚铁、白色的硫酸锌、深绿色的硫酸镍等。

这些小晶体与硅酸钠发生的化学反应非常有趣，当把这些小晶体投入到玻璃缸里后，它们的表面会很快生成一层不溶解于水的硅酸盐薄膜，这层带有颜色的薄膜覆盖在晶体的表面上。

这层薄膜只允许水分通过，将其他物质的分子拒之门外，当水分子进入薄膜后，小晶体就会被溶解，形成浓度很高的盐溶液，存在于薄膜之中，由此产生了较高的压力，使薄膜鼓起来，直到破裂。当膜内带有颜色的盐溶液流出来，就会和硅酸钠发生化学反应，生成新的薄膜，然后水又向膜内渗透，薄膜再次鼓起、破裂……周而复始，每循环一次，"花"的"枝叶"就长出一节，于是，很快就形成了漂亮的"水下花园"。

小博士课堂

刚才我们提到水玻璃，很多人都不清楚水玻璃到底是什么，有什么用途。其实，水玻璃是很常见的，常用于建筑中。

比如，将水玻璃浸渍或涂刷黏土砖、水泥混凝土、硅酸盐混凝土等多孔材料，可提高材料的密实度、强度、抗渗性、抗冻性及耐水性等；将水玻璃和氯化钙溶液交替压注到土中，生成的硅酸凝胶在潮湿环境下，因吸收土中水分处于膨胀状态，使土固结。

此外，水玻璃还能修补砖墙裂缝，将水玻璃、粒化高炉矿渣粉、砂及氟硅酸钠按适当比例拌和后，直接压入砖墙裂缝，可起到黏结和补强作用。

奇怪的湖水

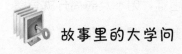

故事里的大学问

大家对洗衣粉、肥皂都不陌生，因为洗衣服的时候都会用到，有了它们的帮忙，我们才能除去衣服上的污垢，将衣服洗涤干净。不过，在苏联的乌拉尔有一个非常奇怪的湖，湖水含有咸味。若到这个湖里洗衣服，只需要先浸泡一会儿，再用手搓一搓，不用洗涤剂就能将衣服洗得干干净净。你知道这个湖里藏着怎样的秘密吗？

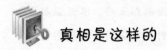

真相是这样的

原来这个湖里含有碱和氯化钠，它们都具有除污的作用，自然不用洗涤剂就可以将衣服洗得干干净净了。

世界上有无数大大小小的湖，不仅有含碱和氯化钠的湖，还有各式各样的湖，其中有的湖泊贮藏着特殊的化学药品，形成了化学药品湖。

1. 水银湖。

苏联的兴顿山里有一个湖泊，人离它四五百米时，就会感到头晕、恶心、呼吸困难，如不及时离开就有窒息而死的可能。原来湖里贮藏着大量的水银，散发出大量的汞蒸气，如人和动物接触久了，就会导致中毒身亡。

2. 盐湖。

亚洲西部的死海是含盐最多的湖，这里的湖水每升含盐272克，因湖水含盐多，密度很大，所以能将人托起来。

3. 酸湖。

意大利西西里岛有一个湖，湖底有两口泉眼喷出了强酸，使整个湖水变成了腐蚀性非常强的"酸水"，浓度非常大，湖水可以杀死一切生命，所以有人叫它"死湖"。

4. 荧光湖。

拉丁美洲西部印度群岛的巴哈马岛上有个"火湖"，湖水闪闪发光，就像燃烧的"火焰"一样。原来这个湖的湖水里含有大量的荧光素，如果你只要用手拨动湖水，就会"火花"四溅，这是由荧光素引起的。

5. 硼砂湖。

智利的亚特斯柯教湖，湖面上好像有一片白茫茫的浮冰，这是因为湖水里含有大量的硼砂的缘故。

小博士课堂

说到洗衣服，很多人头脑中有这样一个概念：肥皂与洗衣粉是不能一起使用的，因为肥皂是碱性的，洗衣粉是酸性的，这个观点是错误的。

实际上，肥皂与洗衣粉都是碱性的，肥皂的主要成分是脂肪酸钠盐和泡花碱，pH值在8左右；洗衣粉的主要成分是烷基苯磺酸钠和三聚磷酸钠，pH值在10左右。我们知道pH大于7就是碱性的，所以肥皂和洗衣粉都是碱性产物，"酸碱中和"的说法并不正确。

肥皂的主要成分高级脂肪酸钠与钙离子发生化学反应，生成高级脂肪酸钙，难溶于水。脂肪酸钠与镁离子也会发生化学反应，生成脂肪酸镁，同样难溶于水，这就会影响肥皂的去污能力。而洗衣粉中所含的

　　三聚磷酸钠能够络合钙离子和镁离子，提高肥皂的去污能力。此外，肥皂中的脂肪酸钠与洗衣粉中的烷基苯磺酸钠可产生"协同去污效应"，这便提高了去污能力。

　　洗衣粉有发泡能力，使清洗变得困难，而肥皂能抑制洗衣粉的发泡能力，使衣服清洗更加容易，所以说，肥皂和洗衣粉混用是可以的。

神秘的图画

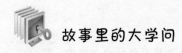 ## 故事里的大学问

　　在一次趣味化学表演会上，一位同学画了一幅神秘的图画，只见他将一张白纸挂在墙上，然后拿起喷雾器把一种无色透明的液体喷在了这张白纸上。刹那间，一幅美丽的画面就展现在了观众的眼前，一艘红褐色的轮船在深蓝色的波涛里行驶。

　　在场的同学看到这一场景都兴奋得尖叫起来，"真是太漂亮了！"明明是一张白纸，怎么会在一眨眼的工夫变成一幅美丽的图画呢？你知道这幅图画的秘密在哪里吗？

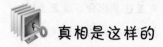 **真相是这样的**

这个表演看似神奇，实际上它只是一种普通的化学反应，挂在墙上的白纸并非普通的白纸，而是事先做了处理。表演者在这张白纸上用一种淡黄色的亚铁氰化钾溶液先画出大海，再用无色透明的硫氰化钾溶液在大海里画出一艘轮船，晾干后，白纸上就不会留有一点痕迹。

表演者手中的喷雾器也做了"手脚"，里面装的是三氯化铁溶液，当把三氯化铁溶液喷洒在白纸上面时，在白纸上面同时发生两种化学反应：一种是三氯化铁和亚铁氰化钾反应，化学方程式是 $4FeCl_3 + 3K_4[Fe(CN)_6] === Fe_4[Fe(CN)_6]_3 \downarrow + 12KCl$，生成的亚铁氰化铁是蓝色的。

另一种化学反应是三氯化铁和硫氰化钾反应，化学方程式是：$FeCl_3 + 3KSCN === 3KCl + Fe(SCN)_3$，生成的硫氰化铁是红褐色的，这样，蓝色的大海和红褐色的轮船就"喷"出来了。

我们在购买食盐的时候，如果你仔细看过上面的

食品组成，你会发现食盐中含有亚铁氰化钾，这是为什么呢？亚铁氰化钾是低毒，在剂量限制内可以用于食品添加剂，放在食盐中主要用于防止结块。

有些人之所以会紧张，是因为他不明白亚铁氰化钾与氰化钾的区别，氰化钾不同于亚铁氰化钾，它是含有剧毒的，经口服或注射后，十秒钟左右即可猝死。在湿空气中潮解并放出微量的氰化氢气体，易溶于水，水溶液呈强碱性，并很快水解。接触皮肤的伤口或吸入微量粉末即可中毒死亡。

神奇的衣物"洗涤剂"

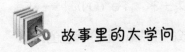 故事里的大学问

甜甜是一个爱美的女孩，她喜欢穿漂亮的衣服，尤其是白色的衣服，可是她也有自己的烦恼，就是白色的衣服穿不了多久，就容易沾上污垢，不仅影响美观，而且穿起来感觉非常不舒服，必须要洗涤。

如果衣服上沾上的是一般污渍，用肥皂、洗衣粉就可以洗净。一天，甜甜不小心把蓝墨水弄到了衣服上，她用洗衣粉使劲地搓，都于事无补。后来，妈妈找来一

种叫草酸的东西，一下子就把蓝墨水洗掉了。你知道这是为什么吗？

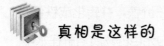
真相是这样的

我们都有这样的生活经验，如果衣服上沾上了蓝黑墨水、果汁、血渍，或者衣服穿久了发黄，用洗衣粉、肥皂清洗是没有用的。要清洁这些被玷污的衣服，就必须借助氧化还原反应来实现。

如果衣服上沾上了蓝黑墨水，必须用草酸进行清洗，这是因为蓝黑墨水中含有鞣酸亚铁，它是一种还原性很强的物质，在空气中溶液被氧化成鞣酸铁，因鞣酸铁不溶于水，而且还会牢牢附着在衣服纤维上，不容易洗去。

要想彻底清除它，就必须使用适当的还原剂，将鞣酸铁还原为可溶于水的鞣酸亚铁，草酸则是鞣酸铁的克星，将少量的草酸和 20 倍重量的温水配成草酸溶液，用来搓洗墨水痕迹，由于鞣酸铁被还原为可溶性的鞣酸亚铁溶解到水里，墨迹自然就洗去了。

不过，需要注意的是，草酸对棉、麻和人造纤维有一定腐蚀性，对皮肤也有腐蚀作用，所以墨水洗掉后，最好用少量的小苏打水溶液将衣服浸泡一会儿，然后再漂洗干净。

如果衣服上沾上果汁、血渍等，因果汁和血渍中含有亚铁离子，也容易被氧化成三价铁，并转化成铁锈斑，也可以使用草酸，将铁锈转化为无色的物质溶解在水中。

白色的衣服穿久了，或者沾上有机色素，衣服就会发黄，要想让衣服重新变白，可以用漂白粉来处理，漂白粉的主要成分是次氯酸钙，化学式为 $Ca(ClO)_2$，它遇到酸或者在空气中二氧化碳的作用下，尤其是在水中，就会生成次氯酸（$HClO$），次氯酸再分解生成初生态的氧，初生态的氧是强氧化剂，能使纤维变成洁白色，这个过程称之为漂白。

洗衣服时，先将漂白粉溶解在水中，之后将衣服浸泡在里面，过段时间后即可漂白干净，不过如果衣服本身就有颜色，就不宜采用漂白粉，否则就会使鲜艳的颜色褪色。

洗衣服要用手搓，又要加入洗衣粉、肥皂，甚至是草酸、漂白粉，实在太麻烦了，有没有一种方法可以直接将衣服放进去就能洗净各种顽固污渍呢？

或许在不久的将来，这个美好的愿望就能实现了！目前许多国家正在开发一种新型的洗衣机——臭氧型洗衣机，它是利用臭氧的杀菌、消毒、去污、除臭的特性，消除脏衣服上的细菌、病毒，并净化洗衣粉的残留量，避免对人体产生刺激。

那么，臭氧型洗衣机是利用怎样的原理制成的呢？臭氧型洗衣机内置一个臭氧发生器，在放电作用下将氧气转化为臭氧（O_3），臭氧是氧气的同素异构体，在水中时刻发生还原反应，产生氧化能力极强的单原子氧和羟基。羟基是强氧化剂、催化剂，可以分解一般氧化剂难以破坏的有机物，且反应完全、速度快，这就是臭氧的去污机理。

工业盐中毒是怎么回事

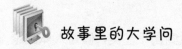 故事里的大学问

默默最喜欢吃奶奶做的酸菜，每年冬天，奶奶都会做一坛子酸菜，可以吃上一个冬天。这一天，默默在大快朵颐地吃了一顿酸菜炖粉条之后，就出现了腹痛、头痛、呕吐的症状，默默的奶奶也感到了身体不适，家人

急忙把他们送到了医院，经过医生的检查确诊为工业盐中毒。

"我们烧菜煮汤时，不都要放些盐吗？怎么会盐中毒呢？"默默不解地问妈妈。妈妈说："工业盐与我们平时吃的食盐不是一回事。"那么，你知道什么是工业盐吗？它又为什么能引起中毒呢？

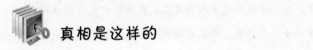

真相是这样的

盐是一类物质的统称，平时我们炒菜放的盐是指食盐，化学名称为氯化钠。实际上，除了食盐外，还有很多用途各异的盐，比如有一种工业盐——亚硝酸钠，广泛用于建筑施工，制造染料，药物和防锈剂，并大量用于印染、漂白等方面。

氯化钠与亚硝酸钠虽然同属于盐类，但对人体健康的作用截然相反，食盐是维持人类生命的必需品，而亚硝酸钠则是健康的杀手，有很强的毒性。

这是因为人体血液中有一种低铁血红蛋白，它能携带氧随着血液循环流动，把氧输送到人体内各个组织器官里，同时又分离出氧，供身体各个器官新陈代谢的

需要。

亚硝酸钠有一种破坏作用，它进入人体后，能使体内携氧的低铁血红蛋白变成高铁血红蛋白，高铁血红蛋白遇到氧就会牢固地结合起来，不容易分离。从而使人体内的组织缺氧，尤其是大脑缺氧对人体的影响最为严重。

当人体摄入 0.3~0.5 克亚硝酸钠，就能引起急性中毒，3 克就能置人于死地，人中毒后，十几分钟就可发病，因缺氧，会出现头晕、头胀、耳鸣，手脚麻手，并会有恶心呕吐、腹泻、发绀，心悸，呼吸困难等症状，严重时发生抽搐，昏迷，甚至会因呼吸衰竭而死亡。

工业盐中毒多是因为误食，食物中的亚硝酸钠最主要是来源于腌制食品、过夜的菜，尤其是绿叶蔬菜，食盐中的氯化钠可与食物中的某些成分发生化学反应，生成亚硝酸钠，但量很少，并不能达到对人体伤害的程度，不过，需要注意的是，虽然食物中产生的亚硝酸钠对成人伤害不会太大，却能使婴幼儿中毒。

此外，一些不法商贩常常拿工业盐来冒充食盐，一旦误食，就能造成中毒，所以在购买食盐时一定要到正规的场所进行购买。

小博士课堂

由于工业盐在外观和口感上与食盐非常相似，所以分辨起来就比较困难，下面就教大家几招区分工业盐与食用盐的方法。

首先，观察盐颗粒大小与色泽。通常工业盐的颗粒比较大，杂质较多，会显得粗黑，而加碘的食盐多数颗粒小，色泽较白。

其次，袋装私盐的包装粗糙，往往既无产地，又没有生产标准，而正规食盐则会注明"盐务局监制"。

醋是怎样做成的

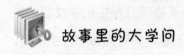

故事里的大学问

古时，在中国山西省的运城县（今运城市），有个擅长酿酒的人，叫杜少康，他常把酿酒剩下的酒渣储存起来喂马。一次，杜少康把酒渣倒进大缸里，加了些水，盖上盖子，准备以后再用。结果因为事情太多，把这缸酒渣忘记了。

半个多月之后，杜少康做了一个梦，梦见一位白胡子老神仙向他讨要调味品，杜少康表示自己没有调味品。老神仙指了指那缸酒渣说："那不是吗？到明天酉时就可以吃了，已经泡了 20 天了。"

第二天黄昏的时候，杜少康打开了缸盖，就在他揭开缸盖的一瞬间，酸味扑鼻而来。他大胆地尝了一下那黄水，酸溜溜的，味道还不错。从那以后，全家人吃饺子的时候，都会倒上一点黄水，杜少康给它起名字叫"醋"。

醋在我们的生活中扮演着重要的角色，除了可用作日常调味品之外，在生活中还有很多妙用。比如，在热水瓶内发现水垢时，可以用醋进行清理；在痢疾流行的秋季，经常吃些醋拌的凉菜，就可以起到胃内杀灭痢疾杆菌的作用；在农村，我们还创造了把酒和醋调配成农药杀死蛾虫的办法。

那么，你知道醋是怎样制成的吗？

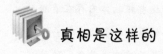

真相是这样的

我国人民很早就知道酒在空气中自然氧化"酸败成

醋"的道理，实际上这个过程就是发酵作用，用发酵法制醋，其原理和酿酒相似。只需将糖化、酒化后得到的未经蒸馏的含酒产物，再和麸皮、谷糠、醋酸菌等混合后进行发酵，并控制好一定的温度，乙醇在醋酸菌的催化氧化下，便变成了醋酸。

醋酸又名乙酸，化学式为 CH_3COOH，为食醋内酸味及刺激性气味的来源（这里指的是含水很少的浓醋酸，日常我们食用的醋只含约 5%～6% 的醋酸，所以不具有这一特点），通常我们用发酵法得到的是较稀的醋酸溶液，只适于食用，要想得到浓度较大的乙酸，就要用到木材干馏或有机合成的方法。

小博士课堂

在我们的生活中有很多现象都与化学息息相关，比如，我们在给茄子、苹果、土豆去皮后，将它们静置在空气中一段时间，你会发现切口面的颜色由浅变深，最后变成了褐色，你知道这是为什么吗？

发生色变反应主要是因为这些植物体内存在着酚类化合物，如多元酚类、儿茶酚等。酚类化合物易被氧化成醌类化合物，即发生变色反应变成黄色，随着反应量的增加，颜色也会逐渐加深，最后变成深褐色。

红色的紫罗兰

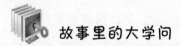

故事里的大学问

英国著名物理学家、化学家波义耳很喜欢花，但他没有时间逛花园，只好在房间里摆上几个花瓶，让园丁每天送些鲜花来观赏。

一天，园丁送来几束紫罗兰，波义耳在做实验时不小心将酸液溅到了紫罗兰的花瓣上，波义耳立即将紫罗兰拿到水中去冲洗，意想不到的现象发生了：紫罗兰转眼间变成了"红罗兰"。你知道紫罗兰为什么会变成红色吗？这个实验又给了人们怎样的启发呢？

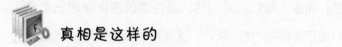

真相是这样的

后来，受到启发的波义耳分别用不同的酸液试验起来，实验结果是酸的溶液都可使紫罗兰变成红色。他又想：碱能否使紫罗兰变色呢？别的花能不能变色呢？由鲜花制取的浸出液，其变色效果是不是更好呢？

经过波义耳一连串的思考与实验，很快证明了许多种植物花瓣的浸出液都有遇到酸碱变色的性质，并且得出这样一个结论：变色效果最明显的要数地衣类植物——石蕊的浸出液，它遇酸变红色，遇碱变蓝色。从那以后，石蕊试液就被作为酸碱指示剂正式确定下来了。之后，波义耳又用石蕊试液把滤纸浸湿再晾干，切成条状，制成了石蕊试纸，使用起来非常方便。

下面我们根据花遇到酸会变成红色，遇到碱变成蓝色的特点，来学习一个趣味小魔术——酸碱花。先折一些纸花，然后分别在这些纸花上浸入下列化学药品：石蕊、酚酞、甲基红、甲基橙、刚果红。取出晾干后，就变成了五颜六色的酸碱花了。

这是因为浸过刚果红的纸花是大红色，浸过甲基红的是浅橙色，浸过石蕊的是浅蓝色，浸过甲基橙的是黄色，而浸过酚酞的是白色。浸过的这些化学药品都是人们通常所称的"指示剂"，这些指示剂会随溶液的酸碱性不同而变化其颜色。首先，你可以向这些花喷出浓度为0.2%的稀盐酸溶液，你会发现这些花的颜色立刻发生了变化：大红色的变成深蓝色的，浅橙色变成粉红色的，浅蓝色变成淡红色……

你还可以向其喷出 0.6% 的烧碱溶液，这时候粉红色的花就变成了闪闪发亮的黄色，深蓝色的花又恢复了其艳丽的鲜红，淡红色变成淡蓝色，棕红色变成浅蓝……真是千变万化，美不胜收。

酸碱指示剂是一类结构较复杂的有机弱酸或有机弱碱，它们在溶液中能部分电离成指示剂的离子和氢离子（或氢氧根离子），并且因结构上的变化，它们的分子和离子具有不同的颜色，因而在 pH 值不同的溶液中呈现不同的颜色。常用的酸碱指示剂主要有以下四类：

1. 硝基酚类，这是一类酸性显著的指示剂，如对硝基酚等。

2. 酚酞类，有酚酞、百里酚酞等，它们都是有机弱酸。

3. 磺代酚酞类，有甲酚红、酚红、溴酚蓝、百里酚蓝等，它们都是有机弱酸。

4. 偶氮化合物类，有甲基橙、中性红等，它们都是两性指示剂，既可作酸式离解，也可作碱式离解。

煮豆的智慧

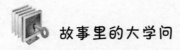 **故事里的大学问**

要想不生病，应常吃五谷杂粮。可五谷杂粮虽好，却难以烹煮，尤其是豆类杂粮，通常都有坚硬的外壳，煮不烂的话，很难下咽。现在人们都知道用高压锅来煮，很容易就能将豆煮烂。但是在古代，人们是用什么办法来解决这个问题的呢？

有一本写于1838年的书，介绍了两条煮豆的秘诀：一是用河水或溪水，而不用井水；二是如只有井水可用，就在里面加入苏打粉，随着苏打粉的加入，水会变白变浑，一直加到水不进一步变白为止，然后用澄清的水来煮豆。

你能用化学知识来解释这一现象吗？

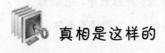 **真相是这样的**

分子美食学的创始人蒂斯曾用实验来验证这种做法，

他首先想到的是，苏打粉的加入增加了水的碱性，是不是酸碱性对煮豆会有影响呢？

为了验证这个假设，蒂斯拿了三个同样的锅，放了同样多的蒸馏水与豆，在同样的火力下煮。第一口锅不另外加东西作为对照，第二口锅中加了一些苏打粉增加碱性，第三口锅中加了一些醋增加酸性。

等到第一口锅中的豆煮熟，三口锅中的差别就能明显看出来：加了苏打粉的豆已经煮开花，而加入酸的锅还依然坚贞不屈。

为什么加碱有助于把豆煮烂呢？这是因为豆类的坚硬外皮是由果胶和纤维素组成的，而果胶分子中有大量的"羧基"，在酸性环境中，羧基会老老实实地待着，但在碱性环境中，羧基的氢原子会"离家"出走，羧基会因为缺了一个氢而带上负电。不同的果胶分子都带上负电，就会互相排斥，从而使豆皮遭到破坏。

在水里加苏打粉，其作用并非仅仅是增加碱性。我们知道河水、溪水与井水的区别在于水的"硬度"，水的"硬度"是衡量水中钙与镁含量的指标。井水中的钙镁离子多，水的硬度就高。

苏打粉（碳酸氢钠）能与钙镁离子结合生成沉淀，加入苏打粉后看到水变白，就是沉淀出来的碳酸钙和碳酸镁。当没有更多的白色物质产生就说明其中的钙镁除去得差不多了，经过澄清的水，其"硬度"就大大降低了。

为了证明水的硬度对煮豆的影响，蒂斯用两口同样的锅，同样的火力，同样多的蒸馏水与豆来煮，不同的是第二口锅中加入了钙，增加了水的硬度。45分钟之后，蒸馏水煮的豆已经完全熟透，而加钙煮的豆还非常坚硬。这是因为钙离子含有两个正电荷，能与豆皮中的植酸和果胶结合，从而使豆皮更加难以破坏。

以上我们讲了煮豆的技巧，现代人当然用不着这么复杂，因为现在我们饮用的桶装水多是经过纯化的，水的硬度不是很高，而且我们还可以用高压锅来煮豆，可以大大提高煮豆的效率。

虽然说煮豆时放一点苏打粉能使豆子更加熟烂，不过，放了苏打粉的绿豆汤中会有一些多酚化合物，在碱性条件下会被氧化，生成棕褐色的色素，从而使绿豆汤变色，此外，酸碱性也会影响绿豆汤的味道。

味精与鸡精哪个好

故事里的大学问

一天傍晚，琳琳放学回家，看到妈妈将新买的味精都倒掉了，琳琳疑惑不解地问妈妈："为什么将味精倒掉呢？"原来，妈妈听人说，吃鸡精更健康，于是就从超市里买来了鸡精。

"人家都说味精是化学合成物质，不仅没有什么营养，常吃还会对身体有害，鸡精主要是以鸡肉为主要原料做成的，既有营养又安全。"琳琳的妈妈解释说，那事实真的是这样吗？鸡精和味精到底哪个更好呢？

真相是这样的

我们首先来认识一下味精，味精是谷氨酸的一种钠盐，学名为谷氨酸钠，此外还含有少量食盐、脂肪、水分、糖、铁、磷等物质。味精是以小麦、大豆等含蛋白质较多的原料经水解法制得或以淀粉为原料经发酵法加工而成的一种粉末状或结晶状的调味品。

味精易溶于水，具有吸湿性，其最佳溶解温度为70℃～90℃，在一般烹调加工条件下较为稳定，但长时间处于高温下，容易变成焦谷氨酸钠，有微毒。此外，在碱性或强酸性溶液中，沉淀或难于溶解，其鲜味也会大打折扣。

鸡精主要是由鸡肉、鸡骨或其浓缩抽提物做成的天然调味品，其主要成分就是谷氨酸钠和盐。其中，谷氨酸钠占到总成分的40％左右，盐占到10％以上。另外还有鸡肉或鸡骨粉、香辛料、糖、肌苷酸、鸟苷酸、鸡味香精、淀粉等物质复合而成。

实际上鸡精的味道鲜美主要还是谷氨酸钠的作用，另外，肌苷酸、鸟苷酸都是助鲜剂，也具有调味功效，而且它们和谷氨酸钠结合，能让鸡精的鲜味更柔和，香味更浓郁。

鸡精的成分比味精复杂，所含的营养也更全面一些。但和味精一样，鸡精在食物中只是作为增鲜和调味的，用量只占食物的千分之几，所以，比较他们的营养价值意义不大。

不少人不敢吃味精，主要是因为担心它会产生一定

的致癌物质，实际上在普通情况下，味精是完全安全的，只要不将其加热到 120 度以上，比如煎鱼、煎肉前先放味精腌制进味，不然谷氨酸钠就会失水变成焦谷氨酸钠，产生致癌物质，但一般炒菜的温度是不会超过 120℃ 的。

通过以上的讲解，我们知道鸡精与味精的主要成分都是谷氨酸钠，而且鸡精也不能长时间高温加热，此外，鸡精中所含的水解植物蛋白、水解动物蛋白同样不耐高温，所以，鸡精也应该在炒菜起锅前加入，不能放得太早。

味精因为能够明显提鲜，成了每家每户厨房的必备品。不过，需要注意的是，如果使用不当，不但会毁了菜肴的美味，还会危害健康呢！

1. 凉拌菜不宜放味精。

味精在温度为 80℃～100℃ 时才能充分发挥提鲜作用，凉菜温度偏低，味精难以发挥作用，甚至还会直接黏附在原材料上。

2. 调馅料不宜加味精。

味精拌入馅料后，会经过蒸、煮、炸等高温过程，从而使味精发生变性，不但会失去鲜味，还会形成有毒的焦谷氨酸钠，危害人体健康。

3. 放醋的菜不能放味精。

因为味精在酸性环境中不易溶解，且酸性越大，溶解度越低，鲜味效果越差。所以酸味大的菜肴都不能放味精。

第五章
奇闻趣事中的化学

萤火虫的屁股为什么一闪一闪的

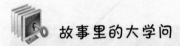

故事里的大学问

一到夏天的晚上，乡间就会有很多萤火虫飞舞，从远处望去，像星星一样一闪一闪的，非常漂亮。萤火虫的尾部能发出荧光，所以得名萤火虫。这种尾部能发光的昆虫约有近 2000 种，我国较为常见的有黑萤、姬红萤、窗胸萤等几种。那么，你知道这些萤火虫为什么能够发光吗？

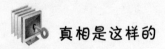

真相是这样的

回答萤火虫为什么能发光这个问题，需要从化学与生物学两方面结合考虑。科学家研究发现，萤火虫的发光器位于腹部，这个发光器是由发光层、透明层和发射层三部分组成的。

发光层拥有几千个发光细胞，它们都含有荧光素和荧光酶两种物质。在荧光酶的作用下荧光素在细胞内水的参与下，与氧化合便发出荧光，也就是说萤火虫发光是把化学能转变成光能的过程。

在自然界中，有许多生物都能发光，如蠕虫、软体动物、细菌、真菌、甲壳动物、昆虫和鱼类等，而且这些动物发出的光都不产生热，故被称为"冷光"。萤火虫发出的冷光颜色有黄绿色、橙色，光的亮度也各不相同，萤火虫发出的冷光不仅具有很高的发光效率，而且发出的冷光一般都很柔和，光的强度也较高，不会刺激人类的眼睛。

早在 20 世纪 40 年代，人们根据对萤火虫的研究创造了日光灯，科学家先从萤火虫的发光器中分离出了纯荧光素，又分离出了荧光酶，然后用化学方法人工合成了荧光素。由荧光素、荧光酶、三磷酸苷和水混合而成的生物光源，可在充满爆炸性瓦斯的矿井中当闪光灯。夜光表的指针和数字之所以能够在黑夜也能看得很清楚，就是因为在表的指针和数字上涂有一种发光的材料。

小博士课堂

除了萤火虫会发光外，还有很多动物会发光，在这里我们就给大家介绍两种——荧光乌贼与鮟鱇。

荧光乌贼体型不大，一般只有 7 厘米长，但它发出的光却可以照到 30 厘米远，因为它的腹面有三个发光器，有的眼睛周围还有一个，它们靠自身合成放射性的复合物，在氧气、镁离子和荧光酶的参与下发出冷光，当它们遇到天敌时，就会发射出强烈的光，吓跑天敌。

鮟鱇是一种生活在海地附近的怪鱼，主要食用各种小型鱼类或幼鱼，也吃各种无脊椎动物和海鸟。在它的头部上方有一个肉状突出，如同一个小灯笼，是由鮟鱇的第一背鳍逐渐向上延伸形成的。前段像钓竿一样，末端膨大形成"诱饵"。

"小灯笼"会发光是因为它内部具有腺细胞，能够分泌光素，光素在光素酶的催化下，可以与氧作用进行缓慢的化学氧化而发光。

希腊人的"魔火"

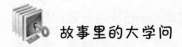 故事里的大学问

673 年，阿拉伯舰队入侵君士坦丁堡，而希腊人只有为数不多的几只战船，双方的实力悬殊，似乎这场战争不用打就能看出谁会胜利。但是出人意料的是，希腊人却大获全胜，这是怎么回事呢？

这全靠希腊人的化学兵团，他们制造出了一种出奇制胜的"魔火"，他们使用魔法使水面上燃起了熊熊大火，把阿拉伯舰队周围的水面变成一片火海，烧得敌人毫无还手之力。侥幸逃命的阿拉伯士兵说，希腊人叫来了"闪电"燃烧舰船，有说希腊人掌握了"魔火"，连海都着火了。

从这以后，希腊人的舰队凭借着"魔火"在海上称霸了几个世纪，他们总能够打胜仗，神气极了。那么，你知道希腊人的"魔火"到底是什么吗？

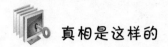 **真相是这样的**

　　许多年后，希腊人的"魔火"秘密终于被揭开，它只不过是非常普通的两种物质——石灰与石油。石灰是一种非常常见的物质，一般建筑工地上都会有，生石灰遇水就会发出热量，足以将石油蒸气点燃，燃烧剂就会在水面上燃烧起来。

　　石灰是人们生活中常见的物质，石灰可是一个大家族，在这个家族中有生石灰、熟石灰、石灰乳、石灰水及碱石灰等，当然，还有他们的长辈——石灰石，看起来是不是有一种眼花缭乱的感觉，下面我们就来一一介绍一下。

　　1. 石灰石。

　　石灰石是一种青色的石头，生在深山里，石灰石山通常景色优美，如桂林地多石灰石山，在那里有很多的大溶洞，形成了形状各异的石笋、石钟乳。石灰石坚硬，铁路的路基常用石灰石来建筑，其主要化学成分是碳酸钙，与石灰石成分相同的还有大理石，是高级建筑物的装饰材料，石灰石通过煅烧变成生石灰。

　　2. 生石灰。

　　生石灰的成分是氧化钙，白色块状物，吸水性非常

强，常用来做干燥剂，与水反应变成熟石灰。

3. 熟石灰。

熟石灰的成分是氢氧化钙，为白色粉末，具有强烈的腐蚀性，主要用作建筑材料，室内墙壁、砌砖的料浆都需要它参与。在化工方面，常用熟石灰制漂白粉，由于它是生石灰加水消化而成，故又名消石灰。

4. 石灰乳。

石灰乳是混浊的石灰水，又称氢氧化钙混浊液，它是固体和液体的混合物，常用于涂刷旧墙壁、配制波尔多液和石硫合剂，用作农药杀虫。

5. 石灰水。

石灰水是氢氧化钙的溶液，石灰乳通过静置后的上层清液就是饱和的石灰水，碱性很强，常用它来做米豆腐。

6. 碱石灰。

碱石灰是氧化钙与氢氧化钠的混合物。

小博士课堂

在上文中，我们讲到用石灰乳配制波尔多液和石硫合剂，可以用作农药杀虫。其实，平时给农田杀虫的还有一种非常常见的化学农药——六六粉。初次听说这个名字，你一定会觉得奇怪，为什么叫六六粉呢？

原来，六六粉是一种叫作苯的化学物质在紫外线照射下和氯气作用生成的：$C_6H_6+3Cl_2\!=\!\!=\!\!=\!\!C_6H_6Cl_6$，从生成的化学式中可以看出，它的分子是由六个碳原子、六个氢原子、六个氯原子构成的，所以，又叫作"六六六"粉。

防毒面具为什么能防毒

 故事里的大学问

1915 年 4 月 22 日，第二次世界大战期间，德方为了扭转不利战局，向英法军队集结的阵地上，施放了 180 吨氯气，致使 5000 名联军官兵当场中毒死亡，这是世界军事史上首次大规模的毒气战。

这次战役使英法联军蒙受了重大损失，于是，英法两国派出数十名最优秀的科学家，到曾被德方用氯气熏袭过的地段进行考察。他们惊奇地发现，阵地上大量野生动物，包括树林中的雀鸟及蛰伏的蛙类与裸露的昆虫，都中毒而死。唯独野猪，却安然无恙地活下来。

你知道为什么野猪能够存活吗？这又为防毒面具的

发明提供了怎样的帮助呢？

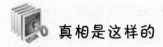 **真相是这样的**

经过科学家们研究和实验发现，野猪喜欢用强有力的长嘴巴拱动泥土来寻找地里植物的根茎及一些小动物，当它们嗅到强烈的刺激气味时，常用拱地的方式来躲避。当德军施放毒气突袭联军时，野猪把嘴鼻拱进泥土里，因此躲过了灾祸。

再经过进一步的科学分析，科学家得出结论：因野猪用嘴拱地，松软的土壤颗粒吸附和过滤了毒气，所以，它们没有被毒气毒死。

根据泥土能过滤毒气的原理，科学家们选中了既能吸附有毒物质，又能使空气畅通的木炭，很快就设计制造出了世界上首批仿照野猪嘴形状的防毒面具。

1916 年 2 月下旬，在凡尔登大战中，德军故技重施，在阵地上大放毒瓦斯，此时法军戴上了防毒面具，有效地抵御了德军的毒气攻击。自从 1915 年德军首先在战场上使用毒气——氯气以来，新的毒气不断在战场上出现，如沙林、芥子气等，于是，新的防毒方法不断涌出。

对于氯气，人们可以用碳酸钠、硫代硫酸钠等来防御，化学反应方程式为：

$$2Na_2CO_3 + Cl_2 + H_2O == 2NaHCO_3 + NaCl + NaClO$$

$$Na_2S_2O_3 + 4Cl_2 + 5H_2O == Na_2SO_4 + H_2SO_4 + 8HCl$$

不过某种药品只能防御一种毒气，士兵在战场上除了要携带笨重的防毒面具，还需要配备各种各样的防毒气药物，实在太麻烦了，有没有一种万能的防毒剂呢？

俄国著名化学家谢林斯基为了找到答案，亲自做了一个实验，在一间化学实验室里，灌满毒气——氯气、光气、氰气的混合气体。在这间密封的实验室中，他用纱布包住一块木炭，按住口鼻，在实验室里坐了五分钟，却安然无恙，于是一种高效的万能毒气防御剂诞生了。

木炭是木柴经炭化制成的，是一种高效的吸附剂，为了提高木炭吸附力，即增大其活性比表面积，科学家将木炭脱水、脱油，终于制成了万能防毒剂——毒气战的克星。现在仍在使用的防毒面具就是一个与面部吻合很好的橡胶面具，里面加上一块经脱水脱油处理的活性炭。

危害生命的物质除了氯气之外，还有很多，下面就为大家列举九种最为广泛的物质：

1. 一氧化碳。大量积累会破坏同温层的平衡。

2. 二氧化碳。大量的积累会导致地球表面的温度升高，给生态环境带来灾难。

3. 二氧化硫。污染大气，形成酸雨酸雾腐蚀某些合成纤维及金属设备，导致人体出现呼吸疾病。

4. 一氧化氮。一氧化氮是笼罩在城市上空的烟罩中的主要成分，影响人体呼吸系统的健康。

5. 汞。污染食品，尤其是海产品，如果在人体中积累很容易损害神经。

6. 铅。影响酶和细胞的新陈代谢。

7. 石油。石油若流入海中，会破坏大海中的浮游生物、植物和鱼类资源。

8. DDT 农药。过量使用 DDT 农药会毒死鸟类和鱼类，甚至导致某些癌症。

9. 辐射。它是污染物质中最危险的一种，会引起恶性肿瘤。

海鲜与啤酒同食为什么会引发痛风

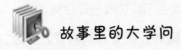
故事里的大学问

亮亮这次考试考了全班第一名，爸爸非常高兴，就带着亮亮去海鲜大酒楼狠狠地撮了一顿，亮亮最爱吃海鲜了，看着桌子上摆满了各种各样他喜欢吃的美食，高兴得合不拢嘴。爸爸也很兴奋，不知不觉喝了不少啤酒。

第二天，亮亮爸爸手部的关节都肿胀起来，疼痛难忍，原来是痛风病发作了。医生说，海鲜与啤酒同时食用是诱发痛风病的罪魁祸首。你知道海鲜和啤酒同食为什么会引发痛风吗？

 真相是这样的

痛风是一种代谢疾病，是由一种叫嘌呤的物质代谢紊乱引起的。海鲜是高蛋白、低脂肪的食物，含有嘌呤和苷酸两种成分，啤酒含有维生素 B_1。边吃海鲜边喝啤酒，就会造成嘌呤、苷酸与维生素 B_1 发生化学作用，使人体血液中的尿酸含量增加，大量的尿酸不能及时排出体外，就会以钠盐的形式沉淀下来，易形成结石或引发痛风，对泌尿系统造成损害或使四肢功能出现障碍。

海鲜，味道鲜美，口感爽滑，深受人们喜爱，不过需要提醒大家的是，吃海鲜是非常讲究的，如饮食不当，很容易引发疾病，下面就为大家列举几种：

1. 海鲜不能与水果同吃。

海鲜中富含蛋白质和钙等营养素，水果中则含有较多的鞣酸，如吃完海鲜马上吃水果，不但影响人体对蛋白质的吸收，海鲜中的钙还会与水果中的鞣酸结合，形成难溶的钙，刺激肠胃，甚至引起腹痛、恶心、呕吐等症状。所以，食用海鲜与水果应间隔2个小时以上。

2. 吃完海鲜后不能喝茶。

吃完海鲜不宜喝茶的道理与不宜吃水果的原因大同小异，因为茶叶中也含有鞣酸，同样能与海鲜中的钙形成难溶的钙，食用海鲜前后喝茶，会增加钙与鞣酸结合的机会，所以，吃海鲜时最好别喝茶。

3. 冰海鲜不能白灼着吃。

任何海鲜都只有在高度新鲜的状态下才能做成清蒸、白灼之类的菜肴，水产海鲜体内带有很多耐低温的细菌，且蛋白质分解快。如放在冰箱里多时，虾体的含菌量就会增大，蛋白质也已部分变性，产生了胺类物质，此种情况下是无法达到活虾的口感和安全性的，所以不适合白灼着吃，适合高温烹炒或煎炸。

海鲜虽然美味，但并不是人人都适合食用，以下几类人不适合食用海鲜，应该特别注意：

1. 过敏体质的人不适合食用海鲜，因为除了避免使用特定的过敏源外，海鲜过敏并没有较好的预防办法。

2. 患有痛风症、高尿酸血症和关节炎的人不宜吃海鲜，因海鲜嘌呤过高，易在关节内沉积尿酸结晶，从而加重病情。

3. 孕妇与哺乳期女性应少吃海鲜，因为一些海产品容易受到污染，尤其是汞超标比较严重，而汞会影响胎儿和婴儿的大脑和神经发育。

4. 甲状腺功能亢进者应少吃海鲜，因海鲜中含碘较多，可加重病情。

5. 平日吃冷凉食物易腹泻和胃肠敏感的人应少吃海鲜，以免引起腹痛、腹泻。

生活中的解毒食品

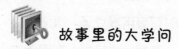

故事里的大学问

每到夏天，姗姗的妈妈就经常给姗姗熬绿豆汤喝，姗姗不明白其中的原因，妈妈解释说："绿豆是宝，夏天喝能祛暑，还能清热解毒呢！"姗姗又问："绿豆不就是食物吗？怎么能解毒呢？"

"其实，绿豆也是一味中药，据《本草纲目》记载，'绿豆气味甘寒，无毒……解一切药草、金石诸毒'，据说能解药中金、石、砒霜、草木毒。"妈妈的解释让姗姗更加好奇了：绿豆到底是怎样解毒的呢？生活中又有哪些解毒的食品呢？

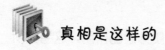

真相是这样的

其实，严格地说，绿豆解的是药物与食物中的毒性，而不是解药，民间也常用绿豆煮汤来解救药物或食物中毒的人。那么，绿豆为什么会具有解毒功效呢?

这是因为绿豆中的绿豆蛋白、鞣质和黄酮类化合物，可与有机磷农药、砷、铅、汞化合物结合形成沉淀物，从而使其减少或失去毒性，而不被肠道吸收。所以，农药中毒的人在服用中药的同时可服用绿豆汤，以增加疗效。不过，患有慢性胃肠炎、腹泻、痛经的人在服用中药的同时是不应食用绿豆的，否则不仅会降低中药的药效，还会加重病情。

在我们的日常饮食中，除了绿豆外，还有很多解毒的食品，下面就为大家列举几种常见的具有解毒功能的食物。

1. 海带。

海带性寒，味咸，具有软坚散结、清热利水、去脂降压的作用。现代医学研究证明海带中的褐藻酸能减慢放射性元素锶被肠道吸收，并排出体外，所以海带具有预防白血病，排泄体内镉的作用。

2. 茶叶。

茶叶具有加快体内有毒物质排泄的作用，这与其所含茶多酚、多糖和维生素C的综合作用密不可分。

3. 猪血。

猪血中的血浆蛋白被人体内的胃酸分解后，能产生

一种解毒、清肠的分解物，它能与侵入人体内的粉尘、有害金属微粒发生生化反应，然后从消化道排出体外。

4. 无花果。

无花果富含有机酸和多种酶，具有清热润肠、助消化、保肝解毒功效。这是因为无花果对二氧化硫、三氧化硫、氯化氢及苯等有毒物质有一定的抗御能力。

5. 胡萝卜。

胡萝卜不仅含有丰富的胡萝卜素，食后能增加人体维生素 A，且含有大量的果胶，这种物质与汞结合，能有效降低血液中汞离子的浓度，对预防汞中毒有极大的作用。

小博士课堂

饮食是一门学问，不仅要吃得有营养，而且要讲究营养搭配，因为搭配不当就可能引发有害身体的化学反应。比如，豆浆就是一种营养价值非常高的食品，但在食用时，却有很多的禁忌。

1. 忌煮不透。豆浆中含有胰蛋白酶抑制物，煮不透，人喝了就会出现恶心、呕吐和腹泻等症状。

2. 忌喝过量。豆浆一次喝得过多，易引起"过食性蛋白质消化不良"，出现腹泻、腹胀等症状。

3. 忌冲红糖。因红糖中的有机酸能和豆浆中的蛋白质结合，产生"变性沉淀粉"，所以，忌冲红糖饮用，但放白糖不会出现这种情况。

4.忌冲鸡蛋。鸡蛋中的黏液性蛋白易和豆浆中的胰蛋白酶结合，产生一种不被人体吸收的物质，使豆浆失去原有的营养价值。

远离油炸食品

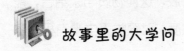
故事里的大学问

炸薯片、炸油条、炸麻花、炸春卷……总之跟油炸食物有关的食品，晓峰都喜欢吃，妈妈认为这样吃不健康，就经常给晓峰清蒸一些食物，这让晓峰很不情愿。

一天，晓峰在家看杂志，一条新闻引起了他的注意：卫生部建议居民在日常生活中应尽可能避免连续长时间或高温烹饪淀粉类食品，改变油炸和高脂肪食品为主的饮食习惯，减少因丙烯酰胺可能导致的健康危害。

晓峰很疑惑：为什么食用油炸食物对健康不利呢？丙烯酰胺又是什么东西呢？

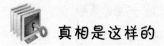 **真相是这样的**

丙烯酰胺是一种白色晶体化学物质，是生产聚丙烯酰胺的原料，聚丙烯酰胺主要用于水的净化处理、纸浆的加工及管道的内涂层等。

淀粉类食品在大于 120℃的高温下烹调，就会产生丙烯酰胺。人体可通过消化道、呼吸道、皮肤黏膜等多种途径接触丙烯酰胺，其中饮水是一条重要的接触途径。2002 年，瑞典国家食品管理局和斯德哥尔摩大学研究人员发现，在一些油炸和烧烤的淀粉类食品中，如炸薯条中检出丙烯酰胺，含量超过饮水中允许最大限量的 500 多倍。

丙烯酰胺进入体内又可通过多种途径被人体吸收，吸收最快的是消化道，进入体内的丙烯酰胺约 90% 被代谢，仅少量经尿液排出。丙烯酰胺进入体内后，会在体内与 DNA 上的鸟嘌呤结合形成加合物，导致基因突变等遗传物质损伤。

不过，大家也不必对丙烯酰胺谈之色变，因为偶尔食用油炸类食品是不会对身体造成多大伤害的，就像吸烟可能诱发肺癌一样，它是一个"毒性"长期积蓄的过程，只有长期食用才会对健康造成一定的威胁。

此外，油炸类食品所含热量与脂肪极高，长期摄取高脂肪的食物会引发肥胖或一些相关的疾病，如糖尿病、高血压、冠心病等。

小博士课堂

你知道什么是土壤污染吗？土壤污染又与我们的生活有怎样的关系呢？

近年来，因人口急剧增长，工业迅猛发展，固体废物不断向土壤表面堆放和倾倒，有害废水不断向土壤中渗透，大气中的有害气体及飘尘也不断随雨水降落在土壤中，导致了土壤污染。

土壤污染物的来源广、种类多，大致可分为无机污染物和有机污染物两大类。无机污染物主要包括酸、碱、重金属盐类、放射性元素铯、锶的化合物、含砷、硒、氟的化合物等。有机污染物主要包括有机农药、石油、合成洗涤剂、酚类、氰化物，以及由城市污水、污泥带来的有害微生物等。

土壤受到污染后，会通过"土壤→植物→人体"的途径，或通过"土壤→水→人体"的途径间接被人体吸收，从而危害人体健康。

什么是食品防腐剂

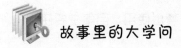

故事里的大学问

美国一位家住犹他州洛根市的惠普尔拿出了自己收藏 14 年的"不死汉堡包"，呈现在公众视野中。14 年过去了，这个汉堡包没有发霉、没长毛，也没有异味，唯一的不同是蔬菜已经分解了。

14 年完好不变质的"不死"汉堡包一出现，就立刻引起了人们的议论，在网络上引起了巨大的轰动，许多人怀疑这个"不死汉堡"与防腐剂有一定的关系。你知道什么是防腐剂吗？人们的质疑是否有道理呢？

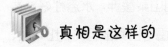

真相是这样的

首先，我们来解释一下什么是食品防腐剂。食品防腐剂是防止因微生物的作用引起食品腐败变质，延长食品保存期的一种食品添加剂，还有防止食物中毒的作用。所以，加工的食品中绝大多数含有防腐剂。

防腐剂分为无机防腐剂和有机防腐剂两大类，无机防腐剂含有亚硫酸盐、焦亚硫酸盐及二氧化硫等，但由于使用二氧化硫、亚硫酸盐后残存的二氧化硫能引起严重的过敏反应，所以已经被禁止使用，目前主要使用的是有机防腐剂，其种类包括：

1. 苯甲酸及盐类。

苯甲酸又称安息香酸，因其在水中的溶解度低，不方便使用，在实际生产中大多数使用苯甲酸钠、苯甲酸钾两种盐。苯甲酸进入体内后，大部分会在 9～15 小时内与甘氨酸作用生成马尿酸，经尿液排出，剩余的与葡萄糖化合而解毒。只要苯甲酸在食品中含量符合规定，就不会对正常人身体造成伤害。

2. 山梨酸及其盐类。

山梨酸，学名为 2，4－己二烯酸，通常用于鱼类和蛋糕、酒等食品，其盐类常用山梨酸钾，水溶性好，性能稳定，其抑菌作用和使用范围与山梨酸相同。山梨酸、山梨酸钾都能参加人体正常的新陈代谢，易被分解为二氧化碳和水，排出体外，所以不会人体造成伤害。

3. 对羟基苯甲酸酯类。

对羟基苯甲酸酯类的酸性和腐蚀性较强，胃酸过多

的人群和儿童不宜食用。正常人尽量食用不用防腐剂的食品，以防止同种防腐剂的累积中毒。

以上三类防腐剂对人体的毒性大小为：苯甲酸类＞对羟基苯甲酸酯类＞山梨酸类。

小博士课堂

你听说过人造假鸡蛋吗？这种人造假鸡蛋主要成分为氯化钙、海藻酸钠、酸钠脂等，鸡蛋壳则用石蜡和石膏做成。虽然假鸡蛋与真鸡蛋从外表上看十分相似，但化学成分拼凑而成的假鸡蛋是没有营养价值的，还会对人体产生危害。

此外，一些不法商贩为了用普通鸡蛋冒充柴鸡蛋，会在鸡饲料中添加"苏丹红"，以使蛋黄看起来红一些。"苏丹红"并非食品添加剂，而是一种化学染色剂，它的化学成分中含有一种叫萘的化合物，具有致癌性，对人体的肝肾器官具有明显的毒性作用。

铁是怎样炼出来的

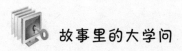 故事里的大学问

钢铁是现代生活和工业生产中应用非常重要的一类物质，比如我们的日常用品保险柜、书柜，奥运场馆"鸟巢"，我们都能看到钢铁的身影。

实际上，在公元前6世纪前后，中国就发明了生铁冶炼技术，尤其是春秋战国时期，炼铁技术取得了飞速的发展。原始的炼铁炉是由石堆炼铁法改造而成的，在土中挖一坑洞，在周围砌上石块，称为"地炉"。将铁矿石和木炭一层加一层地放在地炉中利用自然风力进行燃烧，从而获得铁。

那么，你知道为什么要将铁矿石和木炭放在一起来炼铁吗？

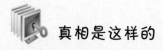 真相是这样的

将铁矿石和木炭放在一起来炼铁是利用木炭不完全

180

燃烧产生的一氧化碳，将铁矿石中的氧化铁还原成铁。

现在炼铁技术要远比古代人的炼铁技术先进得多，但其原理都是一样的，生铁冶炼原理是利用还原剂一氧化碳将铁从铁的氧化物中还原出来，化学方程式是：

$3CO + Fe_2O_3 = 2Fe + 3CO_2$，而炼钢则是在高温的条件下用氧气或铁的氧化物把生铁中所含的过量碳或其他杂质氧化为气体或炉渣而除去，主要反应的化学方程式为：

$C + O_2 = CO_2$

那么，生铁与钢的区别在哪里呢？生铁与熟铁和钢的主要区别在于含碳量上，含碳量超过2%的铁叫生铁；含碳量低于0.05%的铁叫熟铁；含碳量在0.05%～2%当中的铁称为钢。

为了提高钢的质量，中国古代工匠从西汉中期起发明了"百炼钢"的新工艺，所谓"百炼钢"，就是将一块炼铁反复加热折叠锻打，使钢的组织致密、成分均匀，杂质减少，从而提高钢的质量，用百炼钢制成的刀剑质量非常高。

小博士课堂

通过以上的讲解，我们知道铁与钢的主要区别在于碳的含量不同。钢是含碳量为 $0.05\%\sim2\%$ 的铁碳合金，碳钢是最常用的普通钢，冶炼方便、加工容易、价格低廉，而且在多数情况下能满足使用要求，所以，应用非常普遍。

按照含碳量的不同，碳钢又分为低碳钢、中碳钢和高碳钢。随着含碳量升高，碳钢的硬度增加、韧性下降。合金钢又叫特种钢，在碳钢的基础上加入一种或多种合金元素，使钢的组织结构和性能发生变化，具有一些特殊性能。

含碳量 $2\%\sim4.3\%$ 的铁碳合金称为生铁。生铁硬而脆，但耐压耐磨。根据生铁中钢铁碳存在的形态不同又可分为白口铁、灰口铁和球墨铸铁。白口铁不能进行机械加工，是炼钢的原料，故又称炼钢生铁；灰口铁易切削，易铸，耐磨；墨铸铁，其机械性能、加工性能接近于钢，在铸铁中加入特种合金元素就可得特种铸铁。

铁锅是如何换新颜的

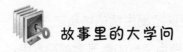
故事里的大学问

一天中午，芊芊放学回家，看到母亲正在蘸着食醋擦拭铁锅，她好奇地走了过去，问妈妈："你这是在干什么？"妈妈笑着说："我在给铁锅换新颜。"芊芊不明白地摇着头。

十分钟过后，原本锈迹斑斑的铁锅一下子变得锃亮起来，像新买的一样。之后，妈妈又向铁锅里倒入少许食用油，将锅加热，使热油浸透锅壁，妈妈解释说，这样就能防止铁锅再次生锈了。

你能用化学知识解释一下芊芊妈妈的做法吗？

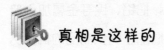
真相是这样的

生锈是一种化学反应，当铁放的时间长了就会生锈，铁锈的主要成分是氧化铁，要想除去铁锈，可以利用醋来进行擦拭，醋的主要成分是乙酸，它是一种弱酸，能够与铁锈发生化学反应，生成醋酸铁、水，从而除去铁锈。

铁容易生锈，除了它的化学性质活泼外，还与外界的环境密切相关，水分是使铁容易生锈的物质之一。但光有水也不会使铁生锈，只有当空气中氧气溶解在水里，氧在有水的环境中与铁反应，才会生成氧化铁，即铁锈。

铁锈是一种棕红色的物质，不像铁那么坚硬，很容易脱落，一块铁完全生锈后，体积就可以胀大八倍，如果不能及时除去铁锈，海绵状的铁锈就容易吸收水分，使铁生锈得更快。

那么，芊芊的妈妈在将铁锈除去之后，为什么又向铁锅里加入食用油，将锅加热呢？这样做的目的是让热油浸透到铁锅的细缝中，起到填充防锈的作用，这样铁锅就不容易生锈了。

其实，防止铁生锈的方法还是很多的，比如，组成合金，改变铁内部的组织结果，把铬、镍等金属加入普通钢里制成不锈钢，就大大地增加了钢铁制品的抗生锈能力；在铁制品表面覆盖保护层，根据保护层的成分不同，可以分为以下几种：

1. 在铁制品表面涂上矿物性油、油漆或烧制搪瓷、

喷塑等。比如，车厢、水桶等常涂油漆。

2. 在钢铁表面用电镀、热镀等方法镀上一层不易生锈的金属，如锌、锡、铬、镍等。这些金属表面都能形成一层致密的氧化物薄膜，防止铁制品和水、空气等物质接触而生锈。

当然最简单的方法还是保持铁制品的洁净和干燥。

小博士课堂

实际上，不只是铁容易被氧化，自然界中的金属，除铂、金等贵金属以单质形式存在外，绝大多数都是以化合物存在。比如，铁是以赤铁矿、黄铁矿、磁铁矿、锡铁矿、菱铁矿的组成存在于矿石中，铜以赤铜矿、黄铜矿，铝以氧化物和硅酸盐等形式存在于矿石中，这说明除贵金属外，都是经冶炼制成的纯金属如铁、铜、铝等。

经过冶炼制成的纯金属都是不稳定的，如果不采取防锈的措施，金属就容易生锈，这是自然趋势。所以像加工铁和铜、铝等材质的部件时，使用的磨削冷却液和金属清洗剂都要添加水溶性防锈剂。

胶卷是如何洗出照片的

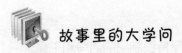

故事里的大学问

虽然使用电子图像感应器感光的数码相机已成为当今市场的主流，胶片已经渐渐变为一个"神秘的传说"，但相信不少人还一定记得胶片相机，它给我们留下了生活的真实记录和美好的回忆。当照相机"咔嚓"一声、快门一开一合的时候，虽然是短短的几秒钟，却发生了一系列的化学变化，那么，你知道这都是哪些化学变化吗？

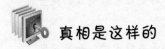

真相是这样的

照相胶卷上涂有一层薄薄的乳胶，里面均匀地布满了溴化银微粒，溴化银呈现出淡淡的黄色，对光线十分敏感。照相机快门一开，光线就会透过镜头，照到胶卷上，有一部分溴化银会迅速分解，变成黑颜色的银颗粒和溴。

可能你会有这样的疑问：银不是银白色的吗？怎么

会变成黑颜色的呢？整块的银是白亮的，但细细的银粉却是黑色的，物质的颜色与颗粒大小密切相关。拍完的胶卷不能见光，需要在药水中让胶卷显影。

显影液是由一些还原性药物配制的，使溴化银以见光分解的银微粒为中心，生成许多的黑色银粒。光线强的地方，黑色银粒多；光线弱的地方，黑色银粒少。这样就把感光后生成的潜影显现出来了。这样胶卷上就出现了"白头发黑脸"的人像。

但显影以后的胶卷依然是不能见光的，因为还有很多没有发生化学反应的溴化银，需要再用一些药剂将它清洗下来，不让它再次感光。用硫代硫酸钠配成定影液，它能和溴化银里的银离子结合，溶解在水里，这样胶卷上就没有感光的溴化银了。

不论是黑白照片还是彩色照片，都要用到溴化银，而且它们冲洗出来之后也都是色调颠倒的：红花显深蓝色，蓝天发黄光，绿叶变成品红色。用彩色正片翻照以后，色彩才恢复正常。

小博士课堂

　　溴化银具有感光性，常用于照相底片。因溴化银见光分解成银和溴，但在光照减弱后，银和溴可重新

化合为溴化银：2AgBr→2Ag＋Br2↑（条件为光照）

其实，溴化银除了用于照相外，在变色镜片中也经常使用，在普通玻璃中可以加入适量的溴化银和氧化铜的微晶粒。当强光照射时，溴化银分解为银和溴，分解出银的微小晶粒，使玻璃呈现暗棕色。当光线变暗时，银和溴在氧化铜的催化作用下，重新生成溴化银，于是镜片的颜色又变浅了。

反复煮沸的水为什么不能喝

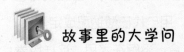 故事里的大学问

一次，宁宁放学回家后感到口渴，对着水龙头就喝了生水。半个小时后，宁宁的肚子就痛了起来。从那之后，宁宁再也不敢喝生水了。一天，妈妈正在烧水，宁宁站在一旁叮嘱妈妈说："你多烧一会儿，我就不信反复地烧，还不能杀死水里的病菌。"

听了宁宁的话，妈妈笑着说："傻孩子，喝生水不卫生，但也不能喝反复沸腾的水，这同样对身体不好。"宁宁有些不明白了。那么，你知道还有哪些水不宜喝吗？为什么这些水不能喝呢？

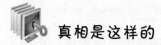 **真相是这样的**

除了生水之外，反复烧开的水，蒸饭、蒸肉以后残留的"蒸馏水"，开水锅炉里隔夜重煮或未重煮的水，以及装在热水瓶里已有几天的温开水等，都是不宜饮用的。

不能喝反复沸腾的水是因为水里通常都含有微量的硝酸盐和重金属离子，比如铅、镉等。水长时间加热后，因水分不断蒸发，水中硝酸盐和重金属离子的浓度就会增加，含有较多硝酸盐的开水在进入肠胃后，其中的硝酸盐就会被还原成亚硝酸盐。我们知道亚硝酸盐是有毒物质，会破坏血液输送氧气的作用。同样，重金属离子对人体也是有害的。

喝生水和反复煮沸的开水，都不利于身体健康，那是不是喝纯净水或蒸馏水最健康呢？其实不然，一般水里含有钙、镁等人体必需的元素，钙是骨骼和牙齿的主要成分，还对维持心肌的正常收缩和促进血凝等有着重要作用。镁主要存在于骨骼中，每人每天约需要 0.3～0.5 克镁。这两种元素的一部分就是从饮用水里摄取的。由此可见，蒸馏水和纯净水并不能满足人们的这个需求。

那么，饮用什么样的开水才合适呢？烧水时，当水壶中的水开始沸腾，表明壶内的水温已达到100℃，绝大多数细菌都被杀死，若自来水中氯的气味较重，就可以适当再烧一两分钟，这样的水无论是泡茶，还是煮饭，都非常适宜。

 小博士课堂

化学与我们的生活息息相关，如果能懂得一些化学知识，关键时候就能派上用场，今天我们就来说一说如何解酒。

喝醉后可以吃一些带酸味的水果或者喝 $50\sim100$ 克食醋来解酒，因为水果里含有有机酸。比如，苹果里含有苹果酸，柑橘里含有柠檬酸，而酒里的主要成分是乙醇，有机酸能与乙醇相互作用形成酯类物质，以达到解酒的目的。

同样的道理，食醋能解酒是因为食醋里含有 $3\%\sim5\%$ 的乙酸，乙酸能跟乙醇发生酯化反应生成乙酸乙酯，所以也能解酒。

洛杉矶光化学烟雾事件

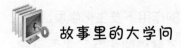
故事里的大学问

从 20 世纪 40 年代初开始，每年夏季到早秋，只要是天气晴朗的日子，洛杉矶城市上空就会弥漫着一种浅蓝色烟雾，使整座城市变得浑浊不清。这种烟雾使人眼睛发红，咽喉疼痛，呼吸不畅、头痛。1943 年以后，烟雾更加严重，以致 100 公里以外，海拔 2000 米高山上的大片松林也枯死了并造成柑橘减产。

仅 1950—1951 年，美国因大气污染造成的损失就达 15 亿美元。1955 年，因呼吸系统衰竭死亡的 65 岁以上老人达 400 多人；1970 年，约有 75% 以上的市民患上了红眼病。这就是最早出现的新型大气污染事件——光化学烟雾污染事件。

那么，你知道什么是光化学烟雾污染吗？它又是怎样形成的呢？

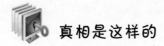 **真相是这样的**

汽车、工厂等污染源排入大气的碳氢化合物和氮氧化物等一次污染物，在阳光的作用下发生化学反应，生成臭氧、酮、醛、酸、过氧乙酰硝酸酯等二次污染物。参与光化学反应过程的一次污染物和二次污染物的混合物所形成浅蓝色、有刺激性的烟雾污染现象叫作光化学烟雾，其特征污染物为臭氧等强氧化剂。

光化学烟雾的成分很复杂，但有害的主要是臭氧、丙烯醛、甲醛等二次污染物。对人的主要伤害是眼睛和黏膜受刺激、头痛、慢性呼吸道疾病恶化、儿童肺功能异常等。

光化学烟雾形成最根本的先决条件是空气中高浓度碳氢化合物和氮氧化合物的存在。根据排放源不同，大致可分为城市型光化学烟雾、工业区型光化学烟雾和区域型光化学烟雾。

光化学烟雾的形成除了必备的化学条件外，还需要有利于烟雾形成的气象条件，在大气层结构稳定、气温较高和阳光充分的特定天气条件下才能形成，所以，夏季较为常见。

洛杉矶光化学烟雾主要是由汽车尾气中的氮氧化物

和碳氢化合物在强太阳光作用下形成的，因洛杉矶经济繁荣，在 20 世纪 40 年代，洛杉矶就拥有 250 万辆汽车，每天约消耗 1100 吨汽油，排出 1000 多吨碳氢化合物，300 多吨氮氧化合物，700 多吨一氧化碳。再加上炼油厂、供油站等排放的污染物，这些化合物被排放到空中，就形成了一个空中毒烟雾工厂。

其实，在我国也曾出现过光化学烟雾污染，1974 年夏季，甘肃兰州西固区出现了一个奇怪的现象，天气晴朗的午后，空中笼罩上一层薄薄的深蓝色烟雾，空气质量很差，还有一股难闻的气味。小学生坐在教室里泪流不止。原来是兰州空气中臭氧的浓度严重超标。

要减少光化学烟雾污染，减少汽车尾气的排放是非常必要的。只有大力发展公共交通，倡导绿色出行，才能让我们重新拥抱蓝天。

近年来，雾霾一词的使用频率越来越高，那么什么是雾与霾呢？两者又有怎样的区别呢？

雾是由大量悬浮在近地面空气中的微小水滴或冰晶组成的气溶胶系统，是近地面层空气中水汽凝结（或凝华）的产物。而空气中的灰尘、硝酸、硫酸、有机碳氢化合物等粒子也能使大气混浊，视野模糊并导致能见度恶化，如水平能见度小于 10 千米时，将这种非水成物组成的气溶胶系统造成的视程障碍称为霾。

雾与霾有着很大的区别，一般出现雾时空气潮湿，出现霾时空气相对干燥；霾的日变化一般不明显，当气团没有大的变化，空气团较稳定时，持续的时间会较长，雾则较容易消散。此外，霾在吸入人的呼吸道后对人体有害，严重的会致死。

拿破仑之死

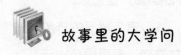

故事里的大学问

法国著名的军事家拿破仑生前曾在战场上指挥千军万马，立下了赫赫战功，但是关于他的死因，一直是个谜。近一个世纪以来，世界各国舆论对拿破仑之死众说纷纭。当时法国官方的死亡报告书上鉴定的死因为胃溃疡，但有人认为他是死于政治谋杀，更有人认为他是在桃色事件中被情敌所杀。

后来英国的科学家们利用现代技术手段，采集了拿破仑的头发，并对其成分和含量进行了研究，并实地调

查了当时滑铁卢战役失败后放逐拿破仑的圣赫勒拿岛，获得了当年囚禁拿破仑房间中的墙纸。最终，英国科学家们认为拿破仑的真正死因是砒霜中毒。

可是当年拿破仑并没有服用过砒霜，他又是怎样中毒的呢？

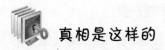

真相是这样的

砒霜的学名叫三氧化二砷，是一种可经过空气、水、食物等途径进入人体的剧毒物。拿破仑生前并没有吃过砒霜，也没有人用砒霜谋害过他，那他又是如何中毒身亡的呢？

问题就出在当年囚禁拿破仑房间里的墙纸上。墙纸中含有砒霜的成分，在阴暗潮湿的环境下，墙纸产生了一种含有高浓度砷化物的气体，从而使整个房间的空气都受到污染。久而久之，拿破仑便因慢性砷中毒而身亡。

英国的科学家通过化验拿破仑的头发，发现在他的头发中，砷的含量超过了正常人的 13 倍，而且拿破仑在生命的最后阶段，头发脱落，牙齿都露出了齿龈，脸色灰白，双脚浮肿，这些都是砷中毒的症状。

三氧化二砷有极大的毒性，口服 5 毫克以上即可中毒，20~200毫克就可致死，如发现有人误食砒霜中毒，一定要及时采取急救措施，具体措施如下：

1. 尽快催吐。方法是让患者喝大量温开水或稀盐水，然后把食指和中指伸到舌根，刺激咽部，即可呕吐。最好让患者反复喝水和呕吐，直到吐出的液体颜色如水样为止。

2. 把烧焦的馒头研末，让患者吃下，以吸附毒物。也可大量饮用牛奶、蛋清以保护胃粘膜。

3. 砒霜中毒后，应快速送往医院，因为现代医学对砒霜中毒已有了特效解毒剂——二硫基丙醇，它进入人体后能与毒物结合形成无毒物质。

小博士课堂

我们都知道砒霜是剧毒物，没有人会有意去使用砒霜，但这并不代表不会出现砒霜中毒，因为食物搭配不当也会造成砒霜中毒。

例如，人们在享受美味的海鲜、河鲜等产品（如小龙虾、螃蟹等）时，如果同时大量食用了富含维生素C的食物和饮料，如西红柿、橙子及西红柿汁、橙子汁等。维生素C就会将小龙虾、螃蟹等体内的五氧化二砷还原为三氧化二砷，如果经常这样搭配食用，并摄入量特别大的话，就会造成慢性砒霜中毒。所以，食用海鲜、河鲜时应禁食维生素C及富含维生素C的食物和饮料。

改变心情的食物

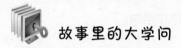

故事里的大学问

常听成年人说工作压力大、生活压力大，其实学生也同样有压力，考试的压力、升学的压力，负担一点都不比成年人轻。最近刚刚参加完模拟考试的杨洋因成绩不理想，心情非常糟糕。

杨洋的妈妈看到儿子愁眉苦脸的样子，给他准备了很多好吃的，有香蕉、核桃、花生，"你吃了这些食物，心情就会慢慢变好的"。杨洋不以为然，认为是妈妈哄自己开心呢！你认为杨洋妈妈的话是真的吗？这些食物真能改变心情吗？

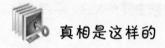

真相是这样的

杨洋妈妈的话并不是哄杨洋，这世上真的有能改变心情的食物。当你心情不好时，不妨吃一些能调节心情

197

的营养素。

1. 酪氨酸。

酪氨酸是维持脑部功能所需的物质，它会在体内转化成肾上腺素，能提升情绪。富含酪氨酸的食物主要来源于乳酪制品、柑橘、腌渍沙丁鱼等。

2. 色氨酸。

色氨酸被人体吸收后，能合成神经介质 5 - 羟色胺，它能有效发挥调节作用，使心情变得平静、愉快。富含色氨酸的食物主要有鱼肉、鸡肉、蛋类、奶酪、香蕉、豆类、燕麦及其制品等，这些食物最好与糖类含量多的食物，如蔬果、米、面等一起食用，以利于色氨酸的消化、吸收和利用。

3. 维生素 B_6。

维生素 B_6 维持正常的神经介质水平，包括 5 - 羟色胺、去甲肾上腺素、多巴胺等。维生素 B_6 在体内累积到一定程度后，会产生一种"抗抑郁剂"，起到缓解抑郁情绪的作用。富含维生素 B_6 的食物主要有大豆、燕麦、花生、核桃以及动物肝脏等。

4. 维生素 E。

维生素 E 能帮助脑细胞最大限度地获取血液中的氧，使脑细胞活跃起来，其食物来源主要有大豆、麦芽、坚

果、植物油和绿叶蔬菜。

5. 叶酸。

叶酸能提高大脑 5 - 羟色胺水平，有效抗击抑郁情绪，其食物来源有绿叶蔬菜、菜花、动物肝脏等，且宜与维生素 C 同食。

此外，n - 3 脂肪酸也能改善心情，预防抑郁，其食物来源主要是海产鱼。

小博士课堂

　　巧吃食物能预防抑郁，保持心情愉快。食物与我们的心情、健康息息相关，可是你想过我们用来做饭或者煎药的锅也与健康有着密切联系吗？

　　在上面我们讲过，不宜使用铝制的盆子来盛放含盐的食物，不然会增加身体里铝的摄入量。在这里我们再来讲一讲煎药的技术，煎中药时，是不宜使用钢、铁、铝等金属器皿的，而应该用砂锅或瓷锅。

　　这是因为铁和草药会发生化学反应，使草药变黑。其次，铁锅传热快，水很快就会沸腾，不久水就变成水汽跑掉了。草药中一般含有鞣酸，鞣酸遇到金属时会发生化学反应，生成不溶于水的鞣酸盐，因中药中的鞣酸受到破坏，进而影响了药效。